너무 재밌어서 잠 못 드는 코스모스

너무 재밌어서 잠 못 드는 코스모스

초판 1쇄 인쇄 2022년 02월 15일
초판 1쇄 발행 2022년 02월 22일

글 궁금한 우주 감수 에노토 테루아키(우주물리학자) 옮김 오세웅

펴낸이 이상순 주간 서인찬 영업지원 권은희 제작이사 이상광

펴낸곳 (주)도서출판 아름다운사람들
주소 (10881) 경기도 파주시 회동길 103
대표전화 (031) 8074-0082 팩스 (031) 955-1083
이메일 books777@naver.com 홈페이지 http://www.books114.kr

생각의길은 (주)도서출판 아름다운사람들의 교양 브랜드입니다.

ISBN 978-89-6513-759-7 (03440)

YOMUDAKE DE JINSEIKAN GA KAWARU_「YABE」UCHU NO HANASHI
ⓒ kininaruutyu 2019
First published in japan 2019 by KADOKAWA CORPORATION, Tokyo, Korean translation rights arranged with KADOKAWA CORPPRATION, Tokyo through Eric Yang Agency Inc, Seoul.

이 책의 한국어판 저작권은 EYA(Eric Yang Agency)를 통한 저작권자와 독점 계약으로 ㈜도서출판 아름다운사람들에 있습니다. 신저작권법에 따라 한국 내에서 보호를 받는 저작물이므로 무단 복제 및 전재를 금합니다.

이 도서의 국립중앙도서관 출판예정도서목록(CIP)은
서지정보유통지원시스템(http://seoji.nl.go.kr)과 국가자료종합목록구축시스템(http://kolis-net.nl.go.kr)에서 이용하실 수 있습니다. (CIP제어번호 : CIP2020015868)

파본은 구입하신 서점에서 교환해 드립니다.

너무 재밌어서
잠 못 드는 코스모스

지음 **궁금한 우주**

감수 **에노토 테루아키**(우주물리학자)

너무 재밌어서 잠 못 드는
우주여행에
오신 걸 환영합니다.

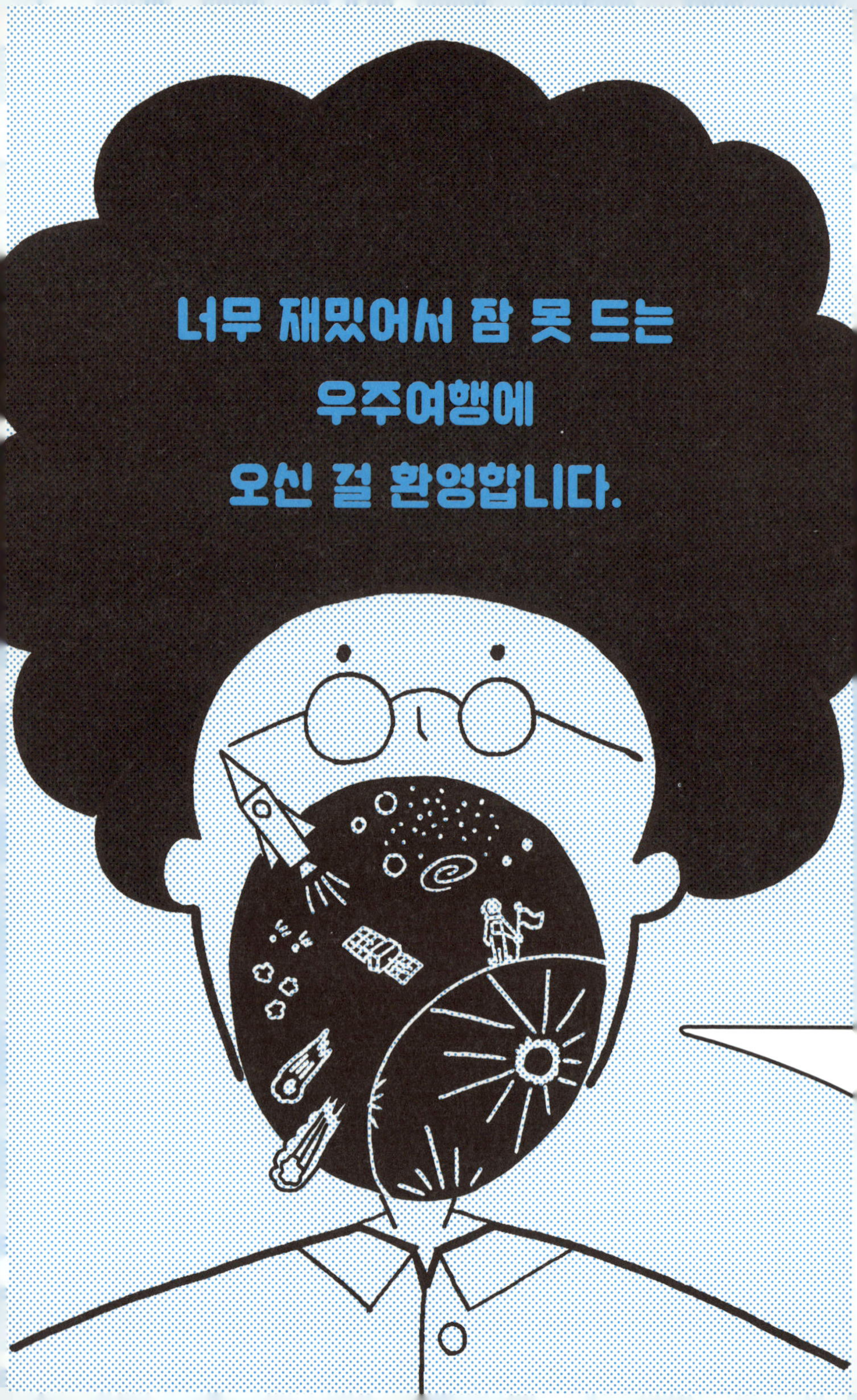

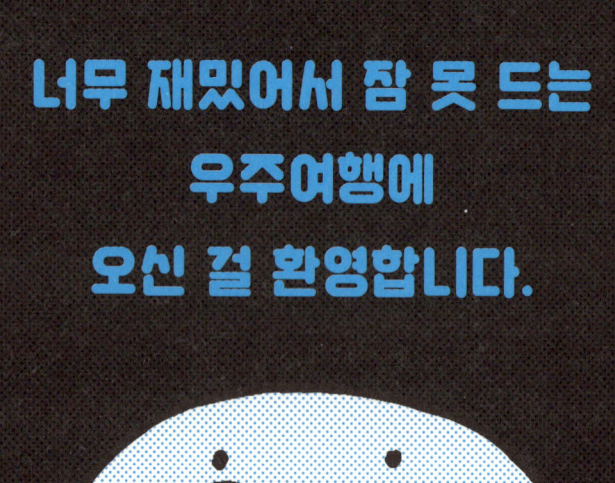

프롤로그

안녕하세요. 처음 뵙겠습니다.
나는 〈궁금한 우주 여행〉(@kininaruutyu)이라는 트위터를 운영하는 궁금한 우주 여행자입니다.
트위터로 우주에 관한 뉴스를 발신한 지 벌써 4년.
덕분에 19만 명의 팔로워와 더불어 우주의 매력을 공유하게 되었습니다.
뜨거운 감사의 마음을 담아 이번 기회에 내가 알고 있는 우주여행의 지식을 총동원했습니다.

읽기 시작하면 곧장 우주 공간에 뛰어들게 될 것입니다.
그리고 다 읽고 나면 더는 현실로 되돌아올 수 없습니다.

지극히 재밌고 위험한 우주 여행을 즐기시길 바랍니다.
아무튼, 부디, 별 탈없이….

뜬금없지만

내가 좋아하는
지극히 재밌고 위험한 우주 이야기
베스트 5를 소개합니다.

제 1 위

블랙홀에 빠지면
우리는 모두 스파게티가 된다.

제 2 위

달 표면에 흩뿌려진 수천 개의 물곰(water bear, 8개의 발로 곰처럼 걷는다고 해서 붙여진 이름, 정식 명칭은 완보동물)이 생존할 가능성

제 3 위

소행성을 폭파해도 몇 시간 만에 부활

제 4 위

달 지하에서 2,180조 톤의 초거대 금속 덩어리가 발견되다.

제 5 위

빛을 99% 흡수하는 새까만 별이 있다.

누구나 어릴 때는
한 번쯤 우주에 동경을 품은 적이 있을 겁니다.

내가 우주에 흠뻑 빠진 것은
초등학교 때였지요.
텔레비전에 우주에 관한 뉴스가 흘러나오면
빛의 속도로 텔레비전 앞으로 달려가곤 했습니다.
신문에 우주에 관한 소식이 실리면
내가 직접 만든 '우주 노트'에
그 기사를 오려 붙였지요.
그 후, 트위터라는 것을 알게 되었고
언제부턴가 '궁금한 우주여행'이라는 제목으로
거의 매일 우주에 관한
과학정보를 발신하게 되었습니다.

내가 우주에 대해
흥미를 잃는 일은,
평생 없을 겁니다
왜냐하면......

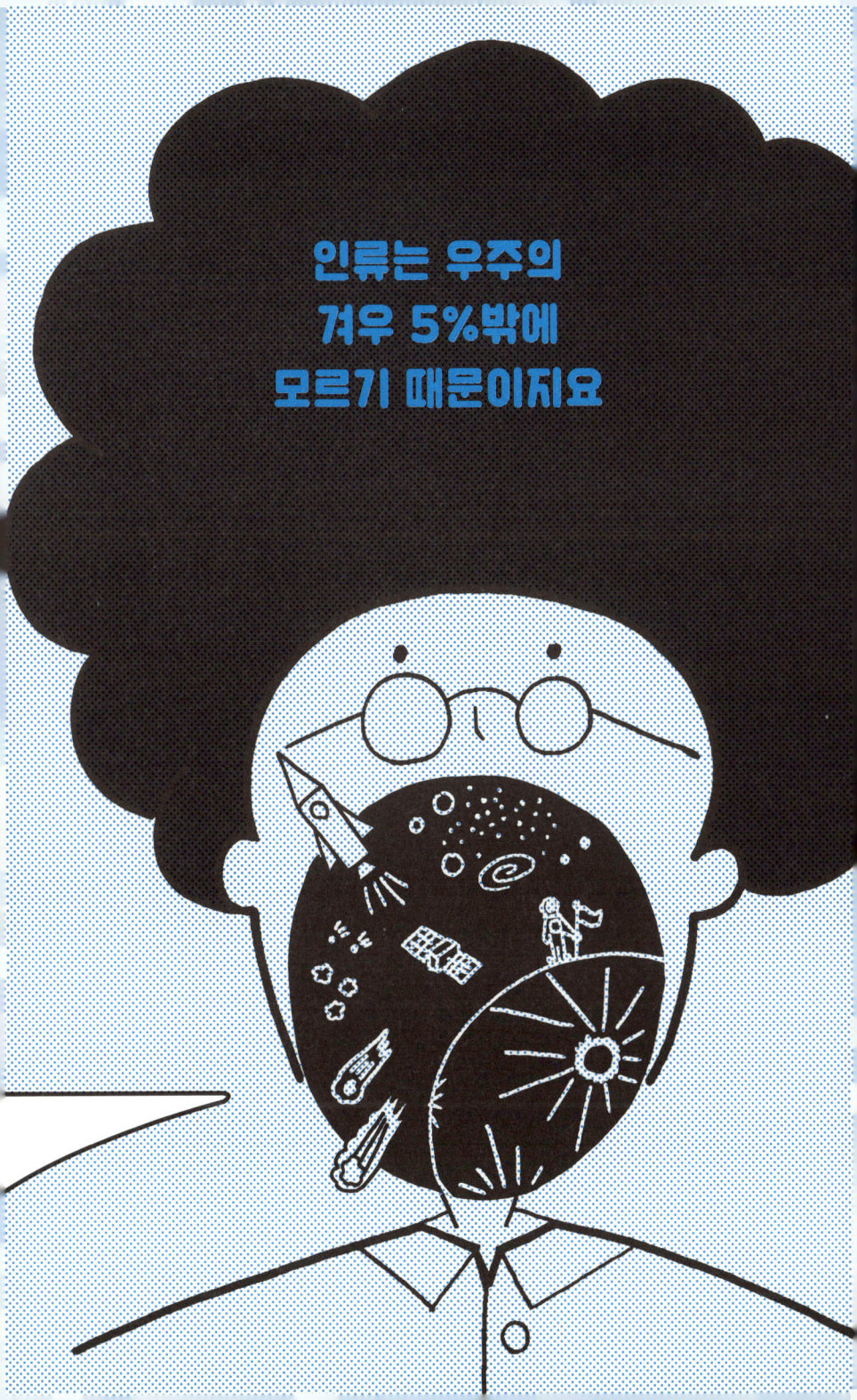

프롤로그 너무 재밌어서 잠 못 드는 우주여행에 오신 걸 환영합니다 ··· 005

CHAPTER 1

너무 무서워서 눈이 뒤집힐 듯한
우주 현상

1. 블랙홀에 빠지면 인간이나 별이나 모두 스파게티! ··· 018

2. 우주의 남은 수명은 적어도 1,400억 년.
   영원하지 않단 말이네? ··· 021

3. 사람도 동물도 전부 날려버리는
   소행성이 지구에 다가왔다! ··· 025

4. 시속 약 10억 킬로미터로 회전하는
   초고속 블랙홀 발견! ··· 028

5. 수십만 년에 한 번꼴로 발생하는
   위험천만한 '지구자기역전' ··· 031

6. 우주 종말 시나리오 '빅 크런치'(대함몰, Big Crunch)
   풍선의 공기가 빠지듯 종말이 온다!? ··· 034

7. 우주 종말의 시나리오 '빅립'(Big Rip)
   계속 확장하던 우주가 산산조각!? ··· 038

8. 거대화되는 태양에 의해
   지구는 증발할 운명!? ··· 041

9. 이대로 지구 온난화가 이어지면
   금성처럼 '기온 460도'!? ··· 044

10. 지구에 충돌하는 소행성
    폭파해도 몇 시간이면 재생된다! ··· 048

11. 우주 최대이자, 최강의 폭발 현상
    감마선 폭발(gamma ray burst, GRB)이 너무 위험해! ··· 052

12. 태양에 슈퍼플레어(SuperFlare)가 발생하면
지구 규모 대정전으로 우리 삶이 붕괴! … 056

13. 항성이 자신의 생애를 끝내고 대폭발
초신성폭발도 공포스럽다! … 060

14. 국제우주정거장에 구멍?
우주비행사가 손으로 막아 목숨을 구하다. … 064

15. 지구의 쌍둥이별, 금성에는
사람을 녹여버리는 황산 비가 내린다. … 068

16. 앞으로는 당연해질 우주여행에 앞서
알몸으로 우주 공간에 있다면어느 정도 위험할까? … 071

편도로 여행한, 우주에서 죽은 개 이야기 1. … 074

CHAPTER 2

지구의 상식으로는 도무지 감당 안 되는
우주의 천체

1. 숯보다 까맣다!
빛을 99% 흡수하는 너무 새까만 행성 … 078

2. 아름다운 물 색깔의 별 그런데
천왕성은 심한 악취를 풍긴다. … 081

3. 우주에서 가장 가혹한 환경
유리 비가 휘몰아치는 별 … 085

4. 극서와 극한을 병행한 지옥의 별에서는
마그마 바다에 돌비가 내린다. … 089

5. 밀도의 75%가 물과 얼음!
지구 같은 '물의 행성'이 존재한다. … 093

6. 어떻게 그렇게 될 수 있지!?
각설탕 한 개 크기로 무게 수억 톤의 천체 … 097

7. 너무 고독해서 위험!
우주 공간을 홀로 방황하는 떠돌이 행성(Rogue planet) … 100

8. 인류의 다음 행선지로 최적의 후보
지구와 쌍둥이 '티가든의 별 b'(Teegarden's Star b) … 103

9. 고장 난 탐사선이 잠들어 있는
기름투성이 호수, 강이 흐르는 타이탄 … 107

10. 초고속으로 공전.
1년이 겨우 7분인 별이 있다. … 111

11. 지구를 지켜주는 목성,
목성이 없으면 지구는 존재하지 못한다. … 114

12. 있을 수 없는 장소에 존재하는,
'금단의 행성'이라고 불리는 별 … 118

13. 별도의 태양계가 존재할지도!?
죽은 항성의 주위를 계속 돌고 있는 행성의 존재 … 122

14. 별의 형성 자체가 폭주 상태!
124억 광년 거리의 몬스터 은하 … 126

15. 거기까지 가는 게 문제이겠지만
다이아몬드로 만들어진 별에서
부자놀음이나 해 볼까? … 129

16. 우주에서 가장 거대한 별
'방패자리UY'(UY Scuti)는 어마어마하게 눈이 부시다. … 132

17. 합체!
수명을 마친 두 개의 별이 부활 … 136

18. 거대하건만 구멍이 숭숭 뚫린 스티로폼 같은 별 … 139
편도로 여행한, 우주에서 죽은 개 이야기 2. … 142

CHAPTER

의외로 모르는
우주의 이모저모

1. 세상은 초신성폭발로 시작하였다.
   모두는 초신성의 잔해 … 146

2. 태양계에서 가장 높은 산,
   에베레스트조차 움츠리는 높고 높은 산 … 150

3. 수성의 불가사의
   물은 없는데 얼음은 있다? … 154

4. 스티븐 호킹의 도전장
   블랙홀은 증발한 끝에 사라진다!? … 157

5. 우리 인간이 잠들어 있을 때도
   태양계는 '마관광살포'(만화 드래곤볼에 나오는 필살기) … 160

6. 상상 초월의 수량
   우주의 별은 지구상의 모래알보다 많다. … 163

7. 우리 은하(Milky Way)와 안드로메다(Andromeda) 은하가 합체!
   초거대 은하, 밀코메다(Milkomeda)탄생 … 166

8. 지금 환경파괴를 멈추면!
   2060년 오존층 부활! … 169

9. 암흑 물질(dark matter)이 측정에 방해되지만,
   우리 은하의 총중량이 판명되었다! … 172

10. 지구 9개가 쏙 들어가는
    토성의 고리는 앞으로 1억 년이면 사라진다. … 176

11. 지구에서 가장 먼 우주를 비행하는 골든 레코드 … 179

12. 지금, 인류의 기술력으로는 불가능하지만…
꿈같은 '다이슨 구' … 183

13. 존재 자체가 암흑이라서….
암흑 물질, 암흑 에너지 … 186

14. 절대로 안으로 들여보내 주지 않는
'화이트홀' 우주에 있을까? … 190

15. 달 지하에 있는 이상한 중력의 원천
초거대 금속 덩어리는 우주기지? … 193

16. 과거로는 가지 못해도
미래로 가는 시간 여행은 가능할지도 … 196

17. 하와이에 오로라가 나타날 때,
전기에 의지하는 문명은 파괴된다. … 199

편도로 여행한, 우주에서 죽은 개 이야기 3. … 202

CHAPTER

무한한 우주의 어딘가에 있을지도 모르는
'생명'에 대한 이야기

1. 생명 활동은 어떤 시대이든 변함없다
4.2만 년 동안 얼어 붙어있던 벌레가 부활했다! … 206

2. 가혹한 환경의 지하 세계 거대한 생물권이 존재 … 209

3. 우주인과 뜻하지 않게 만났을 때,
국제기관이 정한 매뉴얼이 있다. … 212

4. 우주인과 만날 수 없는 까닭은
지구는 우주인이 감시하는 동물원이라서? … 215

5. 우주인으로부터의 메시지?
미지의 고속전파폭발 … 218

6. 2023년 이후, 반드시 뉴스에 등장한다.
유로파의 바다에 생명체가 존재! … 222

7. 우주에는 문명이 얼마나 존재할까를 계산할 수 있는
'드레이크 방정식'! … 226

8. 메커니즘은 아직 밝혀지지 않았지만,
불로불사의 능력을 갖춘 해파리 … 230

9. 달 표면에 수천 마리가 살아 있을 가능성,
달에 방출된 '곰벌레' … 233

10. 인류의 선조는 우주인?
지구 생명의 종은 우주에서 왔다? … 237

11. 지구 자기를 느끼는
인간에게는 '제6감'이 있다. … 240

12. NASA가 긴급회견!
'트라피스트-1 행성계'에 지적생명체? … 244

13. 우주 마니아가 기뻐할 뉴스
화성에서 지하호수가 발견되다. … 248

14. 기적의 별이라고 일컬어지는
다양한 생명체가 번성하는 별이 있다. … 252

1
CHAPTER

너무 무서워서 눈이 뒤집힐 듯한
우주 현상

시속 약 10억 킬로미터로 회전하는
블랙홀 등등... 황당무계한
우주 현상에서 출발!

1. 블랙홀에 빠지면 인간이나 별이나 모두 스파게티!

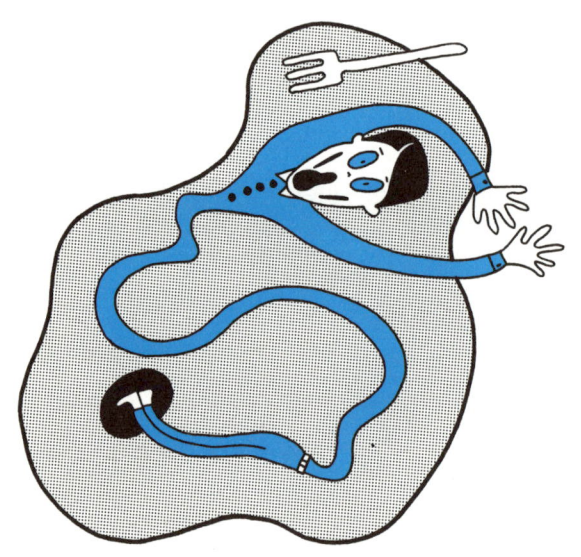

암흑의 존재인 블랙홀은 황당무계한 중력을 가지고 있는데, 그 인력(引力)은 우주 최고 속

궁금증 메모
이 현상은 '스파게티화 현상' 혹은 '누들 효과'라는 이름으로도 불린다.

도인 빛의 속도조차 피할 수 없을 정도다. 미국 오클라호마 대학의 연구에 따르면, 어떤 블랙홀은 시속 10억 킬로미터로 거의 광속과 맞먹는 속도로 회전(자전)한다고 한다.

그 블랙홀에 붙잡히면 결코 빠져나올 수 없다. 물어볼 것도 없이 인간이 그 안에 빠지면 십중팔구 저세상이다. 하지만 결말을 알지만 그 과정을 아는 사람은 드물다. 블랙홀 안에서 어떻게 저세상으로 가는지를. 일반상대성이론의 예측에 따르면, 블랙홀에 가깝게 다가갈수록 중력이 급격히 강해진다고 추정한다. 블랙홀 크기가 태양보다 수백만 배나 더 큰 경우를 제외하곤, 블랙홀 안에서는 인간의 머리끝과 발끝까지 얼마 안 되는 거리라도 거기에 가해지는 중력이 사뭇 다르다. 만일 우리 머리나

발 중 어느 쪽이든 먼저 블랙홀에 빠지면 우리 몸은 마치 스파게티처럼 세로로 쭉 늘어나게 되면서 끝내 찢어지고 만다. 상상만으로도 끔찍하다. 어쨌든 스파게티가 되기 전에 저세상으로 가기 때문에 스파게티 신세가 되어 고통받을 일은 없을 것이다. 또한, 블랙홀의 황당무계한 중력은 지구든 태양이든 한 방에 스파게티로 만들어버린다. 이미 그 피해자가 된 별은 부지기수로 존재한다. 다행히 지구 근처에는 블랙홀이 없어서 우리가 스파게티 신세가 될 일은 없으니 안심해도 좋을 듯. 스파게티가 되고 나면 사람이나 별은 블랙홀의 깊고 깊은 곳으로 빨려 들어간다. 몇 가지 가설이 있지만, 그 후 어떻게 되는지는 확실히 모른다. 누군가 확인하러 가주면 좋을 텐데...

2. 우주의 남은 수명은 적어도 1,400억 년.
영원하지 않단 말이네?

우주는 언제 끝날까. 그 질문에 도쿄대와 일본 국립천문대의 연구팀이 '우주의 남은 수명'을 밝혔다. 지금, 우주는 어마어마한 속도로 팽창하고 있는데, 앞으로 계속 팽창할지 아니면 수축할지를 두고 연구를 활발히 진행하고 있다. 그 열쇠를 쥐고 있는 것은 우주에 충만한 수수께끼의 에너지인 '암흑에너지(dark energy)'와 '암흑물질(dark matter)'이다. 암흑에너

> **궁금증 메모**
>
> 우주에는 은하가 2조 개 이상 있다고 알려져 있다.
> 인간이 관찰하고 분석한 우주가 약 1,000만 개이니까, 기껏해야 0.001%에 불과

지의 힘이 강력해지면 우주는 계속 팽창하면서 모든 물질이 산산조각이 난다.

한편, 암흑물질이 강력해지면 어떤 시점에서 우주는 수축으로 전환되면서 팽창이 멈춘다고 여겨지고 있다. 위에 언급한 연구팀은 하와이섬에 있는 '스바루 망원경'으로 2014~2016년에 관측한 약 1,000만 개의 은하를 분석했다. 은하가 지닌 강력한 중력으로 시공이 휘어질 수 있는 '중력 렌즈 효과'(gravitational lensing, 아주 먼 천체에서 나온 빛이 중간의 거대한 천체로 인해 휘어져 보이는 현상)가 어떻게 영향을 미치는지를 조사함으로써 강력한 중력의 원천인 암흑물질의 분포상황을 밝혀냈다. 암흑물질은 질량은 있지만, 광학적으로는 직접

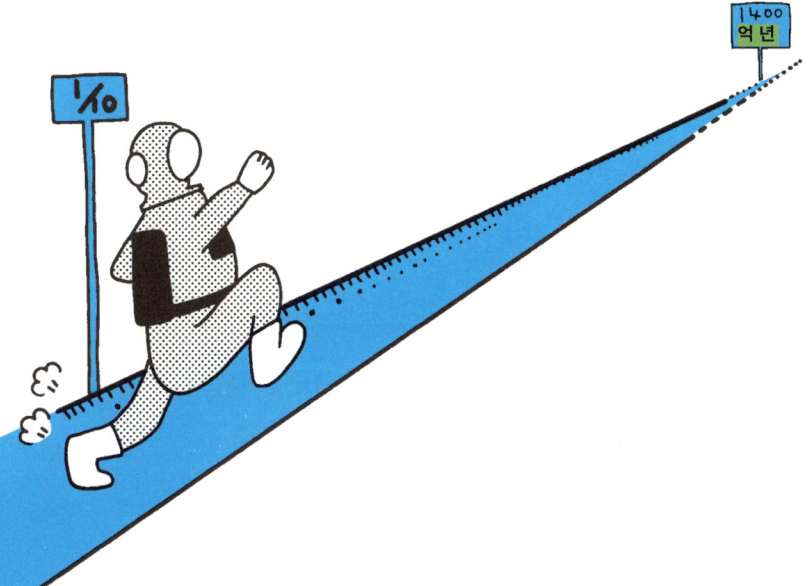

관측할 수 없는 가설상의 물질을 말한다. 간단히 말하자면 '거기 있긴 있는데, 보이지는 않는' 그런 느낌이다.

스바루 망원경으로 수집한 데이터와 암흑에너지의 추정량을 토대로 분석한 결과, 적어도 우주 여명은 1,400억 년 이상이라는 사실을 밝혀냈다. 예전의 과학은 우주 여명이 수백억 년이라고 추정했지만, 그보다 크게 수명이 늘었다. 빅뱅으로 촉발하여 우리 우주가 시작된 것이 약 138억 년 전이니까 지금 10분의 1도 지나지 않았다. 인간에 비유하자면 10살 정도로 아직은 어린이 단계다. 지구에 생명이 탄생한 것이 약 46억 년 전. 그러니 수십억 년의 시간이 주어진다면 우리 인간처럼 지적생명체가 태어날 수도 있다는 말이다. 앞으로도 오랫동안 살아 있을 우주에서는 인류 이외의 지적생명체가 태어날까, 아니면 벌써 태어났을까. 그리고 인류는 언제까지 살아남을 수 있을까. 너무 궁금해서 밤에도 잠이 안 올 지경이다.

3. 사람도 동물도 전부 날려버리는 소행성이 지구에 다가왔다!

    2019년 7월 25일, 인류가 언제 멸망해도 이상하지 않음을 상기시켜주는 일이 발생했다. 대도시를 날려버릴 만큼의 소행성이 지구 바로 근처를 통과했다.

    이 소행성은 '2019 OK'라고 명명되었는데, 지름 57~130미터 크기였다. 6,600만 년 전에 지구에 충돌해 공룡을 멸종시켰다는 운석이 지름 9.7킬로미터이니까, 그에 비하면 작다고 느낄지도 모른다. 하지만 이 크기라도 무서운

궁금증 메모

'2019 OK'가 지구에서 가장 근접한 거리 65,000킬로미터는 지구와 달거리의 약 16%.

위력을 나타낸다.

1908년쯤, '2019 OK'보다 조금 작은 운석이 지구에 접근, 시베리아 상공에서 폭발했다. 그 결과, 뉴욕의 두 배 가까운 넓이에 있는 나무들이 무자비하게 쓰러졌다.

소행성 '2019 OK'를 인류가 관찰한 때가 지구에서 가장 근접한 거리에 다가오기 불과 며칠 전으로 브라질에 있는 소나 천문대에서 관측되었다. 게다가 정확한 보도가 나온 것은 지구를 스칠 듯 말 듯 지나치기 겨우 몇 시간 전이었다. 이번만큼은 소행성이 지구에 가장 가깝게 다가온 거리가 65,000킬로미터라서 지구와 충돌 위기는 발생하지 않았다. 하지만 실지로 지구와 틀림없이 충돌하는 소행성이 충돌 몇 시간 전에 발견되었다면, 인류가 살아남을 기회는 없을 것이다. NASA(미항공우주국)는 지름 10킬로미터급 소행성 중 90%를 파악한다고 알려져 있다. 하지만 이번처럼 최대 130미터의 작은 크기의 소행성은 30%도 파악하지 못한다고 한다. 언제 지구 위에 서 있는 도시가 날아가도 이상하지 않을 상황에 우리는 그저 놓여있는 셈이다.

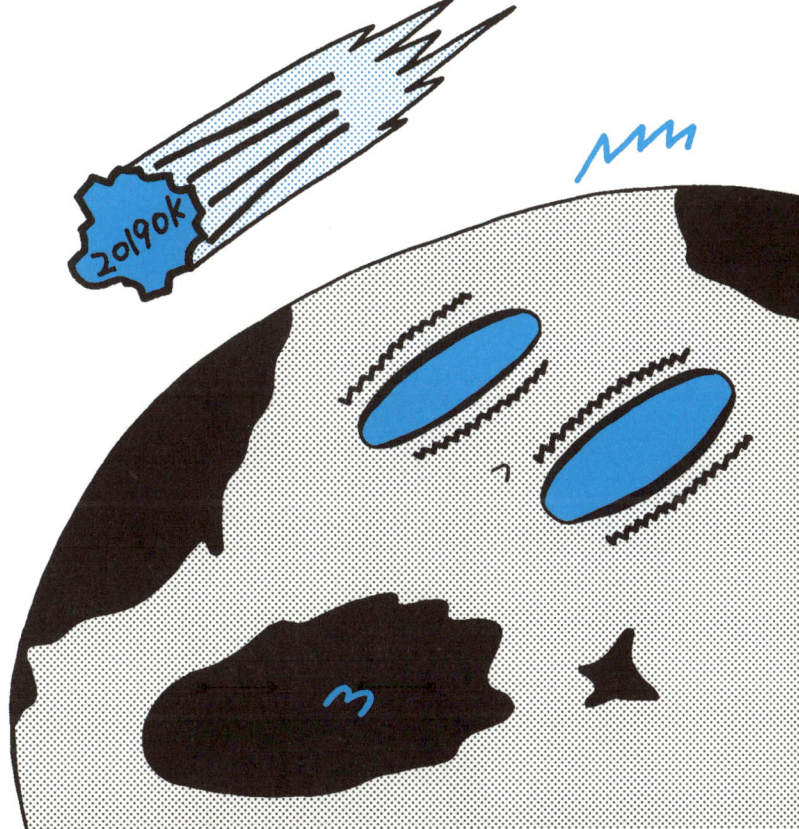

4. 시속 약 10억 킬로미터로 회전하는 초고속 블랙홀 발견!

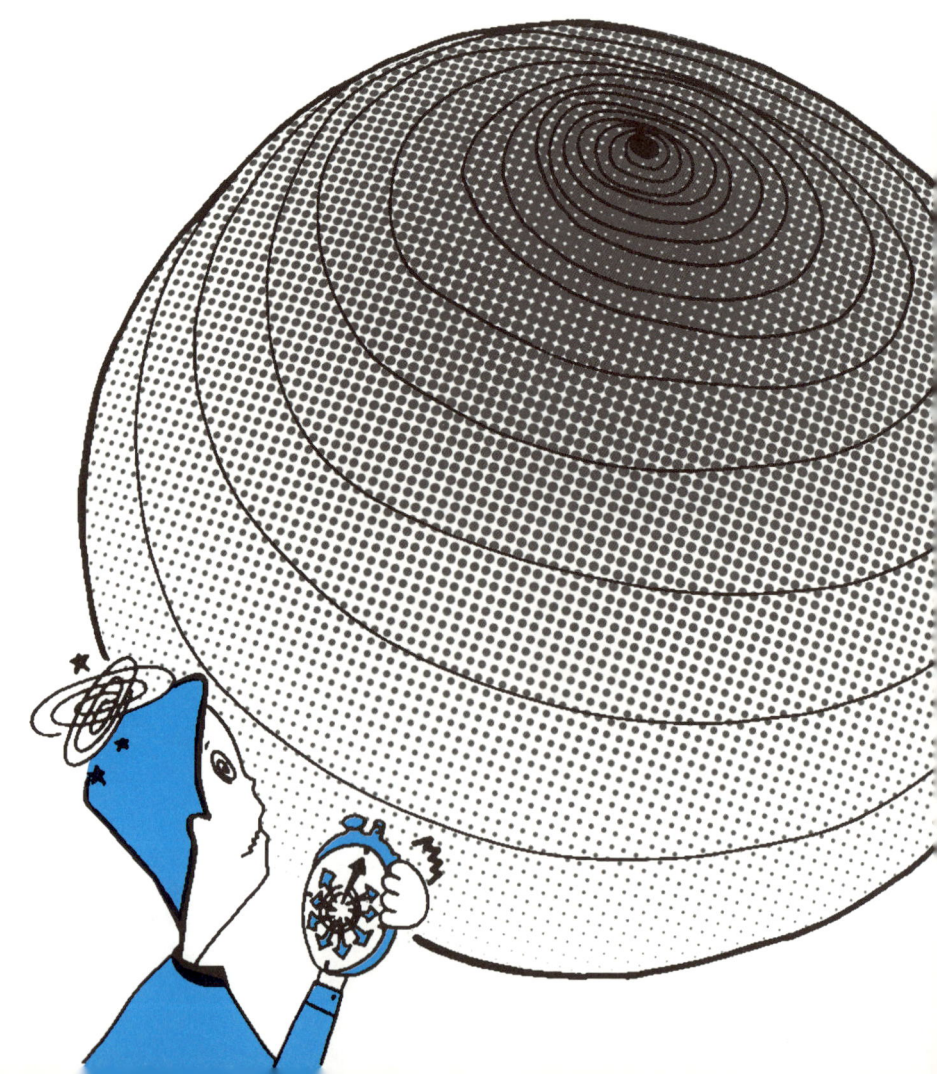

블랙홀은 그 이름에 'hole'(구멍)이 들어가 있어서 뭐든지 빨아들인다는 잘못된 이미지를 심어주기 쉽다. 실은 블랙홀은 구멍이 아니라 아주 강력한 중력을 가진 천체를 말한다. 그래서 지구나 달과 마찬가지로 회전(자전)한다고 여겨지고 있다.

2019년 7월, 미국 오클라호마 대학의 연구팀이 NASA의 찬드라(Chandra) 관측 위성을 이용해 블랙홀의 자전 속도 측정에 성공했다고 발표했다. 블랙홀의 자전 속도는 이전부터 측정되었지만, 이때 측정된 속도는 훨씬 차이가 컸다. 지구에서 100~110억 광년 떨어진 다섯 개의 블랙홀 자전 속도를 조사한 결과, 다섯

궁금증 메모

빛의 속도는 초속 30만 킬로미터. 시속으로 따지면 10.8억 킬로미터

개의 블랙홀 중 하나가 시속 10억 킬로미터라는 광속과 거의 맞먹는 속도로 자전하고 있었다. 다른 네 개의 블랙홀은 광속의 약 절반 정도 속도였다. 광속은 우주 전체에서 가장 빠른 속도라서 광속보다 빨리 움직이는 것은 이 우주에 존재하지 않는다. 모든 것을 빨아들이는 거대한 힘과 더불어 우주에서 제일 빠른 속도로 회전한다니 더는 적수가 없어보인다.

궁금증 메모

강착원반(accretion disk)이란 중력을 미치는 천체의 주위에 형성된 회전 가스 원반을 말한다.

5. 수십만 년에 한 번꼴로 발생하는 위험천만한 '지구자기역전'

학교 수업에서 '지구는 거대한 자석'이라는 말을 들어본 적이 있을 것이다.

알다시피 자석의 N극은 '북쪽'을, S극은 '남쪽'을 가리킨다. 믿기 힘들겠지만, N극이 '남쪽'이고 S극이 '북쪽'이었던 적이 과거 몇 번 있었다. 이러한 자극의 변환 현상이 바로 '지구자기역전'이다. 이 큰 이벤트가 발생하면, 인류를 비롯해 대부분 생물이 치명적인 손상을 입는다. 지구자기는 지구 주위에 자장을 형성해 태양으로부터 나오는 플라즈마를 차단한다. 그런데 지구자기역전이 발생하는 동안, 지구자기는 현재의 10% 정도 힘까지 약해진다고 하니, 지구를 지키는 장벽의 역할이 끝나고 만다. 그러면 세상 모든 내비게이션 시스템이 혼란을 일으키고, 정전이 발생하며 스마트폰, 텔레비전도 사용하지 못한다. 지구상 모든 생물도 방사선에 노출된다.

이 정도면 '지구자기역전' 공포가 다소 이해가 되었을 것이다. 절대 일어나서는 안 될 일이다. 하지만 과거 360만 년 동안 적어도 11번이나 발생했다고 한다. 평균 잡아 수십만 년에 한 번의 주기로 역전 현상이 일어났는데 가장 마지막으로 지구자기역전이 일어난 것은 지금부터 약 80만 년 전이다. 2013년부터 ESA(유

궁금증 메모

80만 년 전에는 현생인류가 아직 탄생하지 않았다고 추정한다.

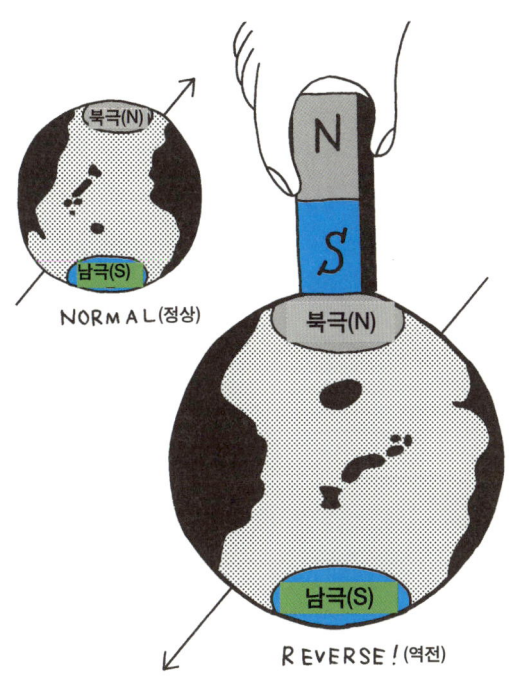

럽우주국)가 6개월에 걸쳐 지구자기를 관측 한 결과, 10년 동안에 5%의 비율로 약해지고 있다는 사실을 밝혀냈다. 이쯤 되면 인류는 얼마 안 가서 지구자기가 바뀌는 순간을 맞이할 수도 있다.

6. 우주 종말 시나리오
'빅크런치' (대함몰, BIG CRUNCH)
풍선의 공기가 빠지듯 종말이 온다!?

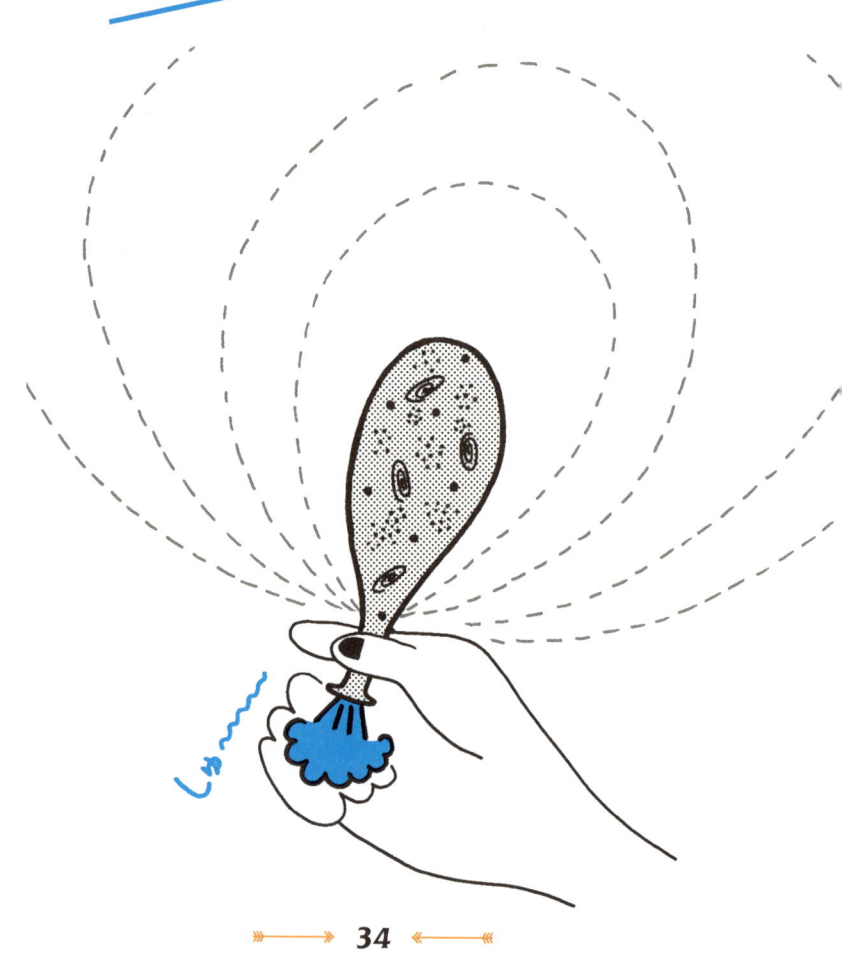

앞서 우주의 남은 수명은 적어도 1,400억 년 이상이라고 언급했다. 빠르든 늦든 미래에 우주의 종말은 다가올 것이다.

현대 물리학에서 예상되는 몇 가지 우주 종말 시나리오 중에서 '빅크런치'가 있다.

빅뱅으로 우주가 탄생한 이후, 이 우주는 어마어마한 속도로 가속하면서, 마치 풍선이 부풀어 오르듯 팽창을 계속하고 있다. 우주는 이대로 팽창을 계속할 것인가, 아니면 뜻하지 않은 타이밍에서 수축으로 전환될 것인가. 계속 팽창하는 우주 전체의 질량이 한계에 도달했을 때, 스스로 중력에 의해 수축으로 전환하면서 존재하는 모든 것의 천체(항성, 행성, 혜성 등 우주 공간에 떠서 천문학의 대상이 되는 물체의 총칭)나 시공이 블랙홀처럼 한 점의 특이점으로 모이며 종말을 맞는다. 이것이 빅크런치(대함몰) 가설이다. 조금 더 알기 쉽게 설명하기 위해서 페트병 로켓을 예로 들어보겠다. 점화된 페트병 로켓은 발사대를 날아올라 하늘로 향하는데, 영원히 상승하지는 않고 중력에 의해 다시 끌려 내려온다. 이때의 끌려 내려오는 타이밍이 우주가 수축으로 전환하는 순간이다. 그 후에는 풍선이 쭈그러들듯이 우주가 점점 수축한다.

어차피 수축하여 없어질 바에야 처음부터 팽창할 까닭은 없지 않을까라는 생각도 든다. 우주는 무(無)에서 시작해서 무로 끝나니까. 시작과 끝만 보면 결과는 똑같다. 물론 그 과정에서 우리 인류처럼 기쁨이나 슬픔을 맛보는 생명체가 탄생하지만, 어떤 현상이 일어나든, 마치 처음부터 아무것도 없었던 것 같은 형태가 빅크런치라는 종말의 방식이다. 예상되는 우주 종말의 시나리오는 다른 버전도 있지만, 우주 종말에 대해 생각해보면 생명체가 존재하는 무상함에 대해 다시금 되새긴다.

궁금증 메모

대함몰로 우주가 수축한 후, 다시 빅뱅이 발생해 우주가 탄생한다는 가설도 있다.

7. 우주 종말의 시나리오 '빅립'(BIG RIP)
계속 확장하던 우주가 산산조각!?

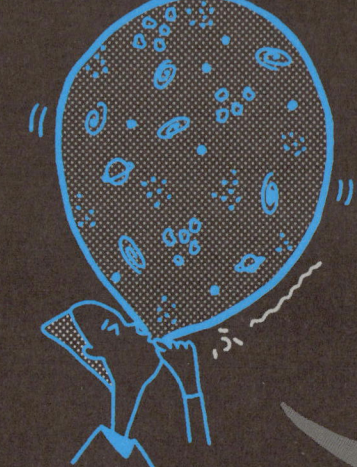

앞서 우주 종말의 시나리오인 '대함몰'에 대해 언급했는데, 이번에는 제2의 시나리오인 '빅립'에 대해 설명하겠다. 빅립은 빅크런치(대함몰)와는 반대로 우주가 팽창을 계속한다는 가설이다. 우주 팽창을 도와주는 것은 암흑에너지라고 알려져 있다. 암흑에너지의 밀도가 앞으로도 변하지 않는다면 우주는 영원히 팽창하게 된다.

> 궁금증 메모

지금, 이 시간에도 우주는 상상을 초월하는 속도로 팽창하고 있다.

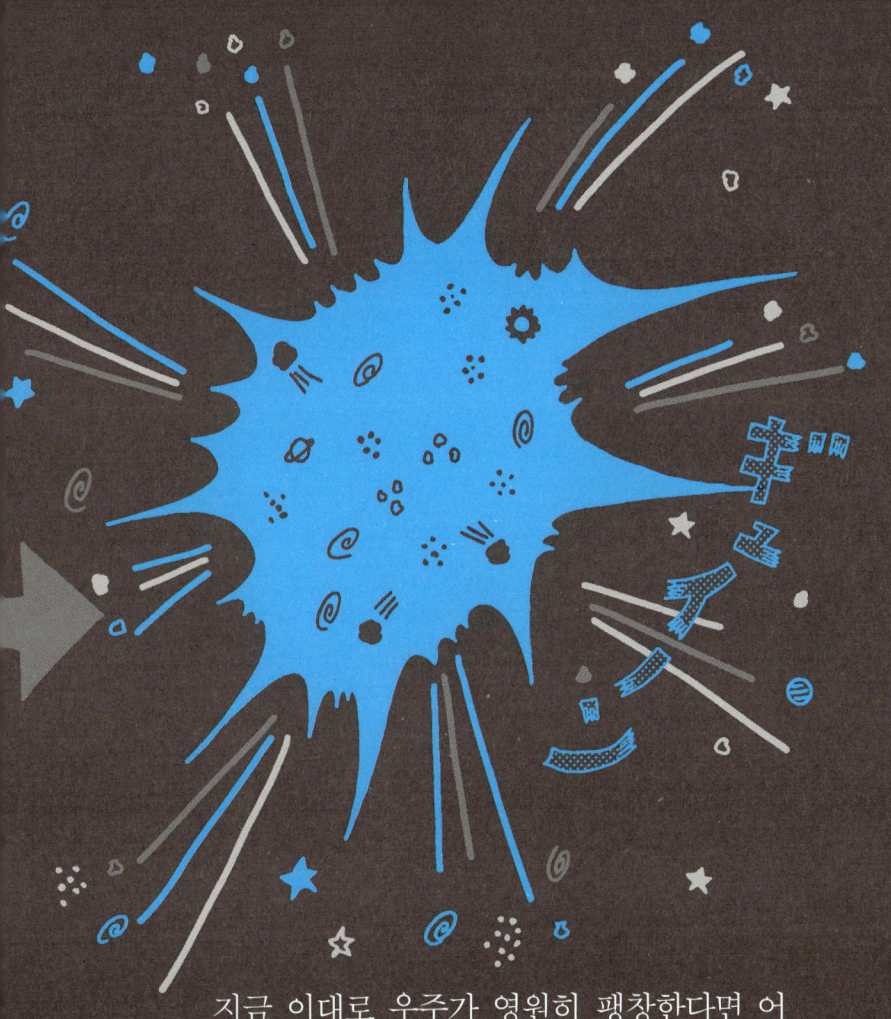

지금 이대로 우주가 영원히 팽창한다면 어떤 미래가 기다릴까. 우선, 은하단, 은하군 내

에 있는 은하가 합쳐지지 않고 각각의 은하로서 찢어진다. 게다가 은하조차 각각의 별로서 산산조각이 나면서, 은하 중심의 초대형 질량 블랙홀만 남고 마침내 태양계마저도 해체된다. 태양이나 지구, 달 같은 별들이 서로 끌어당겨지면서 조각조각 나고, 그 조각난 파편마저 최후에는 원자로 바뀐다. 아직 멀었다. 원자조차 소립자로 되고, 그 후에도 우주는 팽창을 계속할 것이다. 이것이 바로 빅립의 가설이다. 빅립이 일어날 가능성은 낮지만, 우리는 빅립과 빅크런치(대함몰) 중 어떤 시나리오를 선호할까?

뭐, 인류와는 특별히 관련 없는 까마득히 먼 훗날의 이야기이겠지만.

8. 거대화되는 태양에 의해 지구는 증발할 운명!?

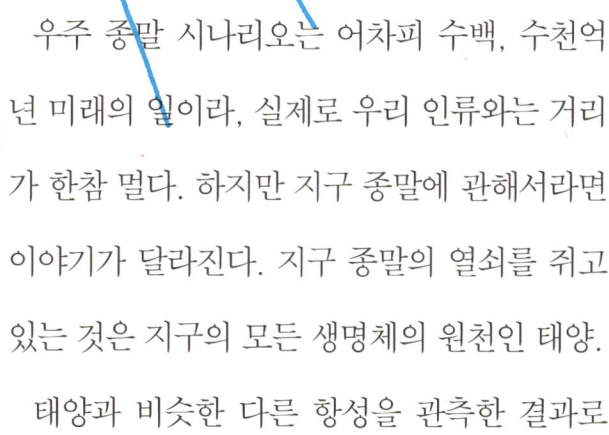

 우주 종말 시나리오는 어차피 수백, 수천억 년 미래의 일이라, 실제로 우리 인류와는 거리가 한참 멀다. 하지만 지구 종말에 관해서라면 이야기가 달라진다. 지구 종말의 열쇠를 쥐고 있는 것은 지구의 모든 생명체의 원천인 태양. 태양과 비슷한 다른 항성을 관측한 결과로

보면 태양의 남은 수명은 약 50억 년이다. 우리 우주에 태양이 탄생한 지 약 50억 년이 지났으니 지금의 태양은 절반 정도는 살았다. 태양의 수명이 다하면 지구는 어떤 운명을 맞을까? 50억 년 후, 태양은 연료인 수소를 거의 다 쓰고, 중심부는 타고 남은 대량의 헬륨이 남는다. 에너지를 방출하지 않는 중심부는 수축하는데, 이로 인해 온도가 상승한다. 그 후에는 그 주위에 타지 않고 남은 수소가 격렬히 타오르면서 대량의 열이 방출되고, 태양 표면이 점점 팽창한다. 팽창한 태양 표면은 온도가 가라앉기 때문에 거대화한 태양은 새빨갛게 보인다. 이 같은 별은 '적색거성'이라고 부른

궁금증 메모

태양의 수명은 약 100억 년

다. 태양이 얼마나 거대화되느냐 하면 10억 년 정도 걸려서 현재의 약 150배 크기가 된다. 태양에 가까운 궤도를 도는 수성이나 금성은 거대화한 태양에 흡수되고 말 것이다. 한편, 지구는 간신히 태양에 흡수되는 신세는 면하겠지만, 태양의 표면이 금세 지구로 다가와서 열지옥의 처참한 상황이 펼쳐질 것이다. 그리고 최악의 경우, 지구는 연기처럼 증발한다. 또한, 지구 바깥을 도는 화성이 데워지면서 생명이 살아갈 수 있는 환경이 구축될 가능성도 있다. 너무 멀고 먼 미래라서 상상도 되지 않지만…

궁금증 메모

지구 생명체는 지구가 생기고 약 8억 년 후에 탄생했다고 한다.

9. 이대로 지구 온난화가 이어지면 금성처럼 '기온 460도'!?

온실가스의 배출, 마구잡이 삼림벌채로 인해 온난화가 멈추지 않는 지구.

인공위성의 관측 데이터에 따르면 아마존에서는 1분마다 축구 경기장 1.5배 크기의 면적에 해당하는 삼림이 사라진다고 한다. 우리 인류를 위기로 몰아세우고 있는 게 틀림없지만, 상황은 조금도 나아질 기미가 없다. 만일 이대로 온난화가 지속되면 지구는 어떻게 될까. 신경이 안 쓰일 수 없다. 이대로 온난화가 지속

궁금증 메모

NASA는 2023년, 금성의 작열하는 대지에서도 작동하는 탐사선 발사 계획을 세우고 있다.

되면 지구는 금성처럼 될 가능성이 있다. 금성은 태양계의 제2 행성으로 지표 기온이 약 460도로 상상을 초월하는 뜨거운 별이다. 과거에 미국, 소련이 탐사선을 보낸 적이 있지만, 모두 불타서 사라졌다.

금성이 그렇게 뜨거운 이유는 금성의 대기 상황에 그 원인이 있다. 금성 대기의 97%는 이산화탄소로 구성되어있다. 대기압은 약 90기압. 금성의 두꺼운 구름이 태양광의 80%

를 우주 공간으로 방출하기 때문에, 최초에는 금성의 지표 온도가 마이너스 46도였다고 추정된다. 하지만 대기 중의 방대한 이산화탄소 온실 효과 영향으로 도저히 그럴 수 없는 높은 기온이 되었다. 태양에 가장 가까운 수성조차 낮 동안에는 약 400도로 금성보다 낮은 걸 보면, 온실 효과의 영향력이 얼마나 대단한지 알 수 있다.

즉, 지금 이대로 지구 온난화가 계속되면 지구도 금성처럼 상상을 초월하는 뜨거운 별이 될 가능성이 충분히 있다. 초창기 금성은 대기에 많은 수증기가 포함되어 있었고 지표에 바다가 생성될 정도로 선선했다고 추측된다. 태고의 금성에는 지금 지구처럼 생명체가 번성했을지도 모른다. 혹은 시간이 흐르면서 인간

같은 지적생명체가 환경을 파괴하고, 오염시켜 지금의 모습처럼 되었을 가능성조차 있다. 역사는 반복된다고 한다. 다음 차례는 뜨겁게 변한 지구일 수도.

궁금증 메모

금성의 크기는 지구와 거의 비슷하고 직경이 지구의 0.95배 정도.

10. 지구에 충돌하는 소행성 폭파해도 몇 시간이면 재생된다!

2019년 7월 25일, 도시를 단번에 날려버릴 파괴력을 지닌 소행성이 지구를 아슬아슬하게 통과했는데, 앞으로도 지구에 대단히 위험한 크기의 소행성이 충돌할 가능성이 없다고는 단언할 수 없다.

소행성이 지구에 충돌!

그럴 때, 제일 먼저 머리에 떠오르는 방지책으로 소행성의 파괴를 들 수 있다.

영화 '아마겟돈'처럼 소행성을 파괴하고 인

궁금증 메모

2000년대 초기 연구에서는 소행성에 충격을 주면 완전히 파괴할 수 있다고 여겨졌다.

류를 무사히 구하는 것이다. 하지만 현실은 그리 녹록하지 않다. 미국 존스홉킨스대학과 메릴랜드대학 공동 연구팀은 최첨단 컴퓨터로 소행성 폭파 시뮬레이션을 시행했다. 시뮬레이션은 지름 24킬로미터의 거대한 소행성을

초속 4.8킬로미터 속도로 충돌시키는 내용이었다. 그 결과, 소행성은 폭파되었지만 3시간 후에는 그 중력의 힘으로 다시 결합했다. 한번 무너뜨린 괴물이 다시 살아난 셈이다. 연구팀은 지금까지 대형급의 소행성일수록 그 틈새를 파고들기 쉬워 어렵지 않게 폭파할 수 있다고 생각했다. 그런데 실험 결과를 보면, 소행성은 연구팀이 상상할 수 없을 만큼 강했고 완전히 파괴하려면 더 많은 에너지가 필요하다는 것을 알았다. 그러면 인류는 어떻게 소행성의 충돌을 막을 수 있을까.

한 가지 대안으로는 굳이 파괴하지 않고 소행성의 궤도를 바꾸는 것이다. 시뮬레이션을 통해 연구팀은 소행성 파괴를 지구에서 충분히 떨어진 장소에서 실행하면 진로를 바꿀 수 있다는 견해를 제시하고 있다. 하지만 7월에 발생한 '2019 OK'처럼 소행성의 진로가 지구에 접근하기 불과 몇 시간 전에 발견되는 경우, 인류는 손 쓸 방법이 없을지도.

11. 우주 최대이자, 최강의 폭발 현상 '감마선 폭발' (GAMMA RAY BURST. GRB)이 너무 위험해!

현재, 우리 인류가 관측 가능한 우주 크기는 138억 광년.

실제 우주는 그보다 더 광활하고 현재진행형으로 풍선처럼 계속 팽창하고 있다. 광활한 우주에서는 지구상 최대 핵병기인 '차르 봄바'(Tsar Bomba, 소련이 개발한 수소폭탄으로 충격파가 지구를 세바퀴 도는 핵병기)도 기죽을 만큼 거대한 폭

궁금증 메모

감마선 폭발의 발생 원인은 '초신성폭발'과 '두 개의 중성자별 합체'라는 두 가지 패턴이 있다.

발 현상이 여기저기서 끊임없이 발생하고 있다. 그런 우주에서 발생하는 폭발 현상 중에서 최대급이면서 최강이라고 일컬어지는 것이 지금부터 소개할 감마선 폭발이다.

우선, 감마선 폭발이 어떤 것인지를 설명하자면, 고에너지의 전자파인 '감마선'이 몇 초에서 몇백 초 사이에 섬광처럼 방출되는 것으로 블랙홀 탄생에 있었던 폭발 현상이라고 여겨지고 있다. 냉전 시대에 미국이 소련 핵실험으로 발생하는 방사선을 탐지하려고 인공위성으로 방사선을 정찰하다가 우주에서 날아오는 미지의 방사선도 탐지하면서 감마선 폭발의 존재가 밝혀졌다. 감마선 폭발이 지닌 에너지는 상상을 초월하는데, 태양의 평생 에너지보다 더 많은 양을 겨우 몇 초 만에 방출한다.

페르미 감마선 우주망원경(Fermi Gamma-ray Space Telescope)의 관측결과에 따르면, 하루에 한 번꼴로 감마선 폭발로 인한 감마선이 관측된다고 한다. 하지만 지구에서 어마어마하게 떨어져 있는 곳에서 발생해서 대부분은 우리 인류에 해를 끼치지 않는다.

만일, 감마선 폭발이 지구에서 몇 광년 정도 떨어진 곳에서 발생한다면, 적어도 지구의 반은 새까맣게 타서 재로 변할 것이고, 인류를 포함한 모든 생물은 전멸할 것이다. 또한, 몇 천 광년 떨어진 곳에서 발생해도 지구를 각종 전자파에서 지켜줄 오존층이 파괴되어 태양으로부터 대량의 유해한 자외선이 지구에 비 오듯이 쏟아질 것이다. 너무 무서워 금방이라도 쓰러질 지경이다. 감마선 폭발이 지구에서 가까운 곳에서 발생할 가능성을 전면적으로 부정하지는 못하지만, 그 확률은 매우 낮아서 그리 걱정할 바는 아니라고 생각한다. 그렇지만 광속과 맞먹는 감마선의 접근을 사전에 알 도리가 없어 인류가 그 접근을 깨닫는 순간에 죽겠지만.

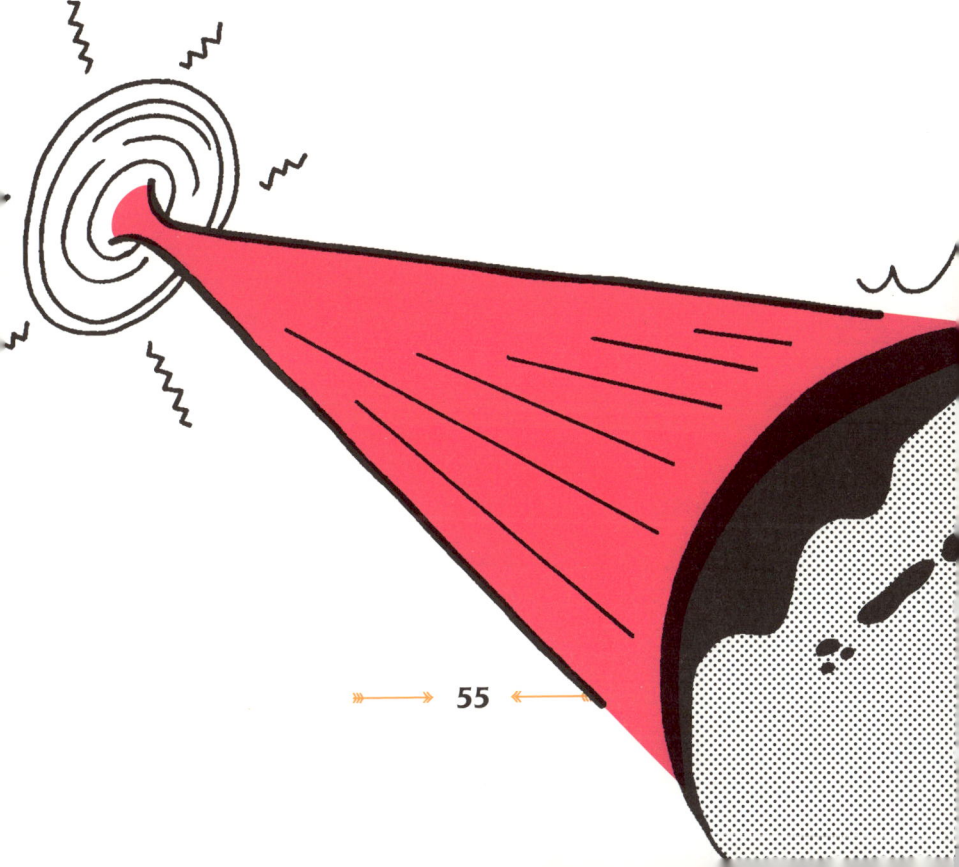

12. 태양에 슈퍼플레어(SUPERFLARE)가 발생하면 지구 규모의 대정전으로 우리의 삶이 붕괴!

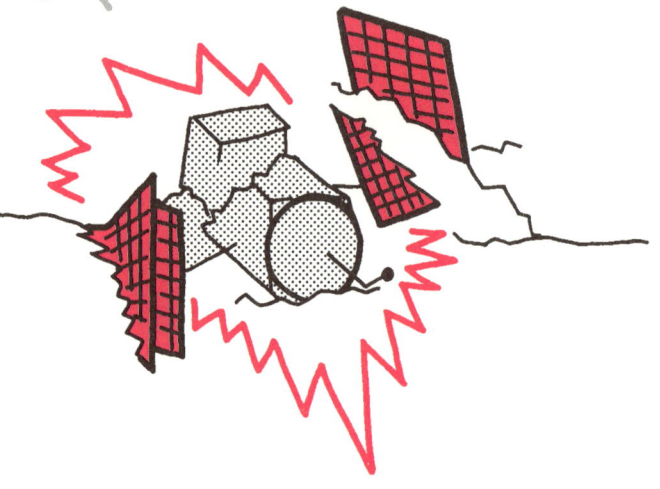

플레어(Flare)는 항성에서 발생하는 폭발 현상이다. 우주에서는 태양보다 소규모의 폭발

궁금증 메모

케플러 우주망원경은 2018년에 그 운용이 정지되었다.

이 하루에 몇 번이고 발생한다. 그중에서 태양에서 발생하는 대규모의 폭발보다 100~1,000배 이상으로 강력한 것을 '슈퍼플레어'라고 한다. 슈퍼플레어는 어린 별일수록 잘 발생해서 탄생하고 46억 년 지난 태양에서는 발생하지 않는 현상이라고 여겨졌다. 하지만 교토대학 부속 천문대 대장인 시바타 카즈나리 등이 NASA의 케플러 우주망원경의 데이터를 분석했더니 태양과 비슷한 148개의 항성에서 365번이나 슈퍼플레어가 발생했다는 것을 밝혀냈다. 이처럼 어린 별이 매주 슈퍼플레어를 일으키는 데 비해 태양에서는 몇천 년에 한 번꼴로 발생한다고 추측하고 있다. 만일 1603~1868년 정도의 시대였다면, 슈퍼플레어가 발생해도 아름다운 오로라를 관측했다는 것만으로 사람들은 만족했을 테고, 별다른 피해가 없었을 것이다. 하지만 전자기기에 둘러싸인 현대의 삶이라면 이야기가 사뭇 달라진다. 먼저, 강력한 전자파와 고에너지 입자가 지구를 덮친다. 모든 인공위성이 고장 나고 저궤도 위성은 대기 팽창의 영향을 받아 지구로 떨어진다. 바다에 떨어지면 큰 영향은 없겠지만 만일 거리에 떨어지면 큰 사태가 벌어진다. 우주에 있는 우주비행사들도 방사선 피해를 볼 가능성이 있다. 또한, 십수 시간 후에는 커다란 자기폭풍이 일어난다. 지구 규모의 대정전이 발생하고 모든 전기제품, 인터넷은 사용 불가능해진다. 동시에 세계 곳곳에서 아름다운 오로라가 나타나겠지만, 거기에 홀려 있을 여유는 없을 것이다. 휴대전화 등의 배터리가 과전류를 일으켜 화재 가능성도 있다. 기록된 것 중 최대 규모로 1859년에 발생한 플레어는 유럽과 북미의 전보 시스템을 정지시켰다. 저위도 지역인 하와이에서도 오로라가 관측되었다. 로키산맥에서는 오로라의 밝기를 아침 해와 분간하지 못해 아침 식사를 준비하는 사람조차 있었다고 한다. 당시는 지금처럼 전기를 많이 쓰는 시대가 아니어서 영향이 덜 했지만, 지금 똑같은 사태가 발생하면 문명 파괴급의 대붕괴를 초래할 것이다.

궁금증 메모

오로라는 노르웨이, 알래스카 등 고위도지역에서 관측되는 것

13. 항성이 자신의 생애를 끝내고 대폭발
초신성폭발도 공포스럽다!

스스로 빛나는 항성은 주로 수소 등의 핵융합을 에너지 원천으로 삼는다. 항성 중에서도 대질량인 것이 자신의 에너지를 모두 쓰고나서 생애를 마칠 때, 대규모 폭발을 일으킨다. 이를 초신성폭발(supernova explosion)이라고 부른다.

기록에 남아있는 것 중에 인류가 체험한 비교적 가까운 거리의 초신성폭발은 1054년에

궁금증 메모

1054년에 관측된 초신성폭발은 금성보다 밝게 보였다고 한다.

일어났다. 지구에서 7,000광년 떨어진 곳의 별이었다(7,000광년 거리라서 실제로 발생한 시기는 7,000년 전이다). 이 폭발은 낮에도 분명히 관측할 수 있는 밝기였고, 약 2년 동안 계속 보였다고 한다. 이때 발생한 초신성폭발의 잔해가 그 유명한 '게성운(crab nebula)이다. 또한, 최신 연구

로 200만 년 전에도 지구 근처에서 초신성폭발이 발생했다는 것이 밝혀졌다. 당시는 아직 초기 인류인 오스트랄로피테쿠스가 밤하늘을 바라보고 있던 시기로 지구에서 300광년 떨어진 곳에서 초신성폭발이 일어났다. 그때의 초신성은 만월보다 밝게 빛났고, 푸른 빛이 도는 신묘한 색은 낮에도 보일 정도였다. 그 현상이 수개월에서 수년간 이어졌다고 한다. 초신성폭발로 인한 충격파의 피해는 반경 50광년까지 퍼졌는데, 생물에 피해가 발생하지는 않았다고 한다.

그렇다면 만일 50광년 이내에서 초신성폭발이 발생하면 어떻게 될까.

하나의 은하에서 수백 년에 한 번, 초신성폭발로 인해 감마선 폭발이 발생한다. 감마선 폭발의 축선상에 지구가 위치한다면, 사정거리를 벗어난 300광년 떨어진 곳이라도 상당한 피해를 줄 가능성이 있다.

14. 국제우주정거장에 구멍? 우주비행사가 손으로 막아 목숨을 구하다.

우주선은 반드시 밀폐된 공간이라야 한다. 조금이라도 틈새가 생기면 내부 공기가 빠져나가 목숨이 위험해진다. 2018년 8월, 국제우

궁금증 메모

국제우주정거장은 1998년에 쏘아 올린 이후로 현재까지 20년 이상 운용하고 있다.

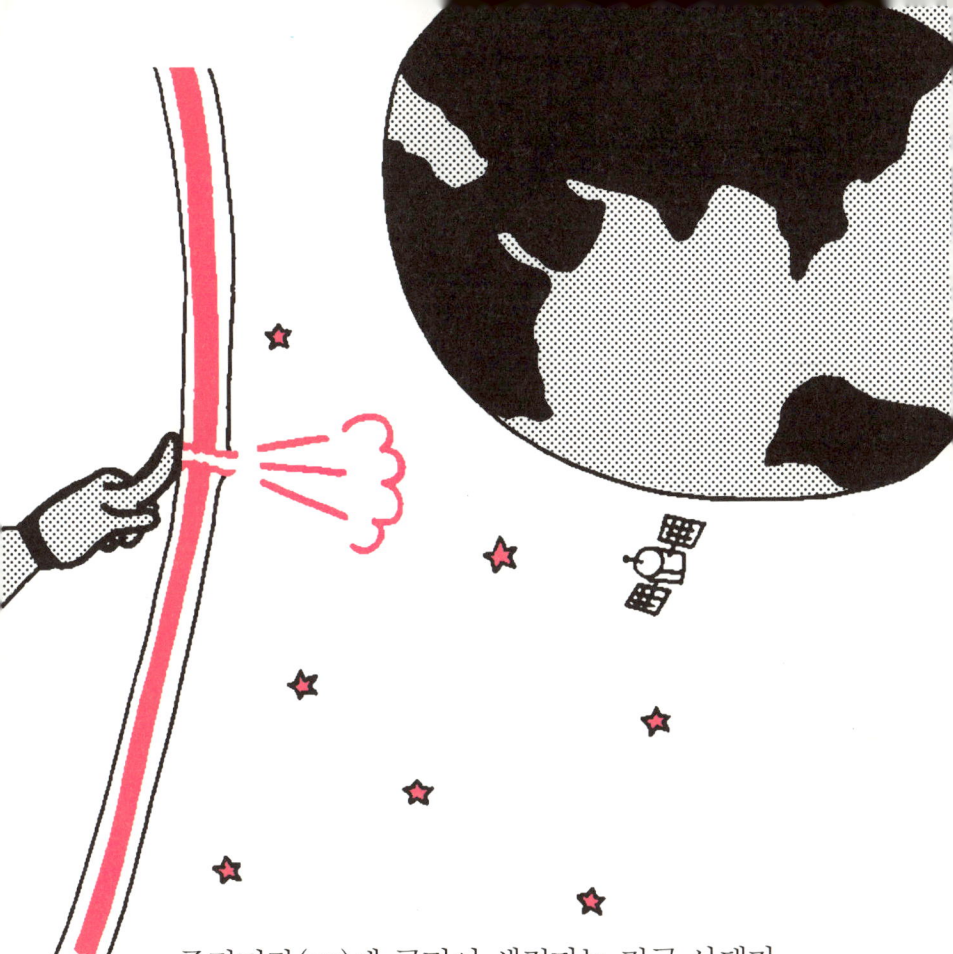

주정거장(ISS)에 구멍이 생겼다는 긴급 사태가 발생했다. 8월 28일 아침, 우주비행사들이 지상 관제센터로부터 '서서히 공기가 누출되고 있다'는 경고를 받고 급히 잠자리에서 일어났다. 관제센터는 그 전날 밤에 우주선 내의 공

기압 이상을 알았지만, 긴급성이 없다고 판단해 아침까지 대기했다고 한다.

관제센터의 경고를 받은 우주비행사들이 우주선 내를 샅샅이 조사했더니 ISS와 도킹하고 있던 러시아 우주선에서 구멍이 발견되었다. 첫 번째 발견자인 우주비행사 알렉산더 게르스트(독일 우주비행사)는 공기 누출을 막으려고 일시적으로 엄지손가락으로 꽉 눌러서 대처했다고 한다. 생각할수록 만화 같은 이야기다. 구멍 크기는 2밀리미터로 우주비행사들은 점착 테이프 등을 사용해 응급조치를 취했다. 왜 구멍이 생겼을까. 발견 당시는 우주를 고속으로 이동하는 돌 파편이 충돌했다고 추정했다. 하지만 자세히 조사한 결과, 구멍의 형상이 마치 드릴이 스친 것 같다는 게 밝혀졌다.

그 후 러시아연방 우주국(로스코스모스)의 책임자가 의도적인 방해행위일 가능성이 있다는 말을 비추었다. 하지만 그 후에도 자세한 내용은 발표되지 않았다. 지상의 제조과정에서 구멍이 뚫렸는지 아니면 우주 공간에서 뚫렸는지는 여전히 의문으로 남아있다.

궁금증 메모

우주에서는 아무리 작은 돌이라고 고속으로 이동하여, 충돌하면 아주 위험하다.

15. 지구의 쌍둥이별, 금성에는 사람을 녹여버리는 황산 비가 내린다.

지구의 바로 안쪽을 돌고 있는 금성은 태양계가 생성될 때 지구와 비슷한 모습으로 탄생한 행성이라고 추정하고 있다. 금성의 지름은 지구 0.95배, 무게는 지구 0.82배.

거기에 금성의 내부구조도 지구와 거의 비슷하다고 여겨져 지구의 '쌍둥이별', '자매

궁금증 메모

금성의 중력은 지구의 90% 정도로 별 차이가 없다

별'이라고 불린다. 구조는 비슷하지만, 환경은 전혀 딴판이다. 금성은 두터운 대기에 덮여 있는데, 그 대부분이 이산화탄소로 구성되어있다. 그 결과, 앞에서도 언급했듯이 강한 온실 효과가 작용해 금성의 표면 온도는 하루 내내 섭씨 460도를 육박한다. 또한, 금성 대기 속에는 황산 입자로 구성된 구름이 수 킬로미터의 두께로 퍼져 있어서 태양 빛이 직접 금성에 도달하지 못한다. 게다가 그 구름에서 황산 비가 쏟아진다. 지표에 도달하기 전에 황산 비는 증발하지만, 만일 황산 비를 인간이 고스란히 맞는다면 틀림없이 그 자리에서 녹아서 죽을 것이다. 금성의 대기압에도 주의가 필요하다. 금성은 지구의 90배나 되는 높은 기압을 갖추고 있다. 만일 금성의 땅 표면을 걷는다면 지구에서 깊이 900미터의 수압을 받으면서 걷는 것과 똑같다. 동시에 섭씨 460도의 작열하는 열에 불타는 듯한 느낌을 받고, 증발한 황산이나 대기의 대부분을 차지하는 이산화탄소를 마시게 되면서 마침내 호흡곤란이 찾아온다. 절대로 가고 싶은 곳이 아니다.

아니, 조금은 관심이 있을지도.

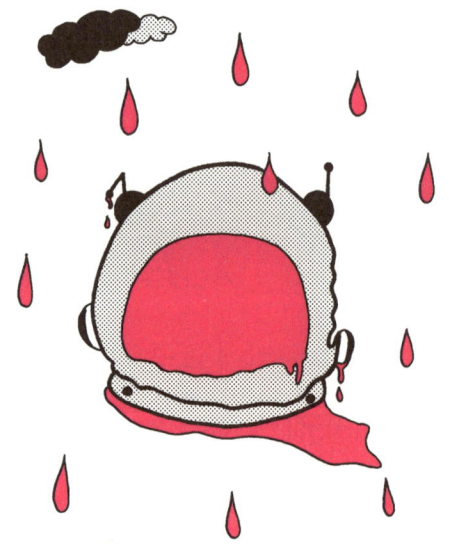

16. 앞으로는 당연해질 우주여행에 앞서 알몸으로 우주 공간에 있다면 어느 정도 위험할까?

궁금증 메모

1965년, 존슨우주센터에서 우주복이 거의 진공상태로 되는 바람에 사람이 14초 만에 기절했지만, 가압해서 27초 후에 의식 회복

우주 공간에 우주복 없이 나가면 어떻게 될까. 물론 '죽음'이다.

그런데 어떻게 죽는지 조금은 신경이 쓰인다. 가까운 미래에 우주여행이 활발해지면, 우주 공간에 내팽개쳐졌을 때 방지책이 필요하니까.

우주 공간은 우주에서 가장 추운 곳으로 기본적으로 공기도 아무것도 없는 진공상태다.

SF영화에서도 몸이 얼어붙고, 혈액이 끓어오르면서 죽어가는 장면이 자주 나오는데, 사실은 그렇지 않은 모양이다. 일단, 몸이 얼어붙는 현상이 없다. 몸의 체온을 빼앗기려면 그 체온을 뺏는 대상이 있어야 한다. 우주에는 공기도 없고 주위에 아무것도 없다. 즉, 우리의 체온을 뺏는 것은 아무것도 없다는 뜻이다. 또한, 혈액이 갑자기 끓어오르지도 않는다. 우주 공간에 나가면 우리 몸에서 모든 공기가 빠지기 시작한다. 몸의 모든 구멍을 막아도 소용없다. 그리고 진공상태가 되면 10~15초 만에 기절한다. 이는 들이마실 공기가 없어서 폐가 고통스럽기 때문이다. 아마 이 동안에 진공에 직접 영향을 받는 타액이나 눈물 등도 끓어오를 것이다. 그리고 마침내 죽는다.

이처럼 우주 공간은 생명체에게 가혹한 환경이다. 과학기술을 구사하는 지적생명체만이 도달할 수 있는 공간이다. 또한, 최신 기술을 집약한 우주복은 이른바 인간에게는 '미니 우주선'인 셈이다.

편도로 여행한, 우주에서 죽은 개 이야기

1957년 10월 4일. 소련이 인류 최초인 인공위성 '스푸트니크 1호' 발사에 성공하면서 세상은 새로운 시대가 열린 걸 환호했다. 하룻밤이 지나고, 당시 소련 공산당 서기장인 흐루쇼프는 힘든 과제를 완수하고 휴가를 떠난 소련 초창기의 로켓 개발 책임자인 세르게이 코를료프를 호출했다. 흐루쇼프는 코를료프에게 이렇게 말했다.
"볼셰비키 혁명기념일까지 뭔가 특별한 것을 쏘아 올려주지 않겠나?"
혁명기념일까지는 한 달도 채 남지 않았다. 하지만 서기장의 부탁을 단박에 거절할 수는 없다. 코를료프는 검토를 거친 후, 흐루쇼프의 부탁을 받아들이기로 했다. 개를 태우기로 했다. 그 즉시 코를료프는 휴양지로 떠난 개발팀에 복귀를 명령했다. 며칠 후, 복귀한 개발팀을 향해 그가 말했다.
"지금 이순간부터 혁명기념일까지 한 번 더 위성을 쏘아 올릴 것. 위성에는 개를 태운다."
그때까지 제대로 된 휴식도 없이 일만 했던 개발팀이 휴가를 반납하고 복귀해서 들은 첫 마디였다. 시간은 한 달도 채 남지 않았다. 거기에 개까지 태워야 한다.
코를료프가 이어서 말했다.
"흐루쇼프 서기장에게 직접 명령받은 것이다. 물론 시간이 촉박하다는 건 알고 있다. 공식적인 서류 따위 작성할 시간은 없다. 지금부터 내 지시에 무조건 따르기 바란다."

우주개발은 면밀한 검토를 거쳐 실행되어야 할 섬세한 영역의 과제다. 하지만 그들에게는 어쨌든 시간이 부족했다. 도면이 완성되자마자 작업공정팀으로 넘어갔다. 작업공정팀이 빠른 속도로 작업을 개시했다. 공식회의나 공식 서류도 없었다. 흐루쇼프의 말 한마디로 진행되었기 때문이다. 실제로 우주선에 태울 가장 적합한 동물로 개 이외에도 원숭이가 후보로 거론된 적도 있다. 하지만 원숭이는 감기에 걸리기 쉽고 침착성이 부족한 데다 거친 행동을 일삼아 몸에 부착된 센서가 떨어질 염려가 있어 최종적으로 개가 선발되었다. 개는 굶주림에 강하고 훈련 시키면 말을 잘 듣는다는 큰 장점이 있었다. 개는 원숭이와 달리 '그럴듯한 모양새'라는 점도 한몫했다. 우주로 가는 개의 조건은 다음과 같았다.

 체중 6킬로그램 이하, 몸길이 35센티미터 이하, 하얀색 혹은 밝은색 털, 참을성이 강하고, 훈련이 잘된 개.

좁은 우주선이라 배설 자세의 문제로 성별은 암컷으로 한정했다. 극비우주계획에 참여하는 개라면, 연구실에서 관리하는 특별한 개가 선발될 것 같지만, 실은 연구자들이 데려온 개는 주인 없이 버려진 개였다.

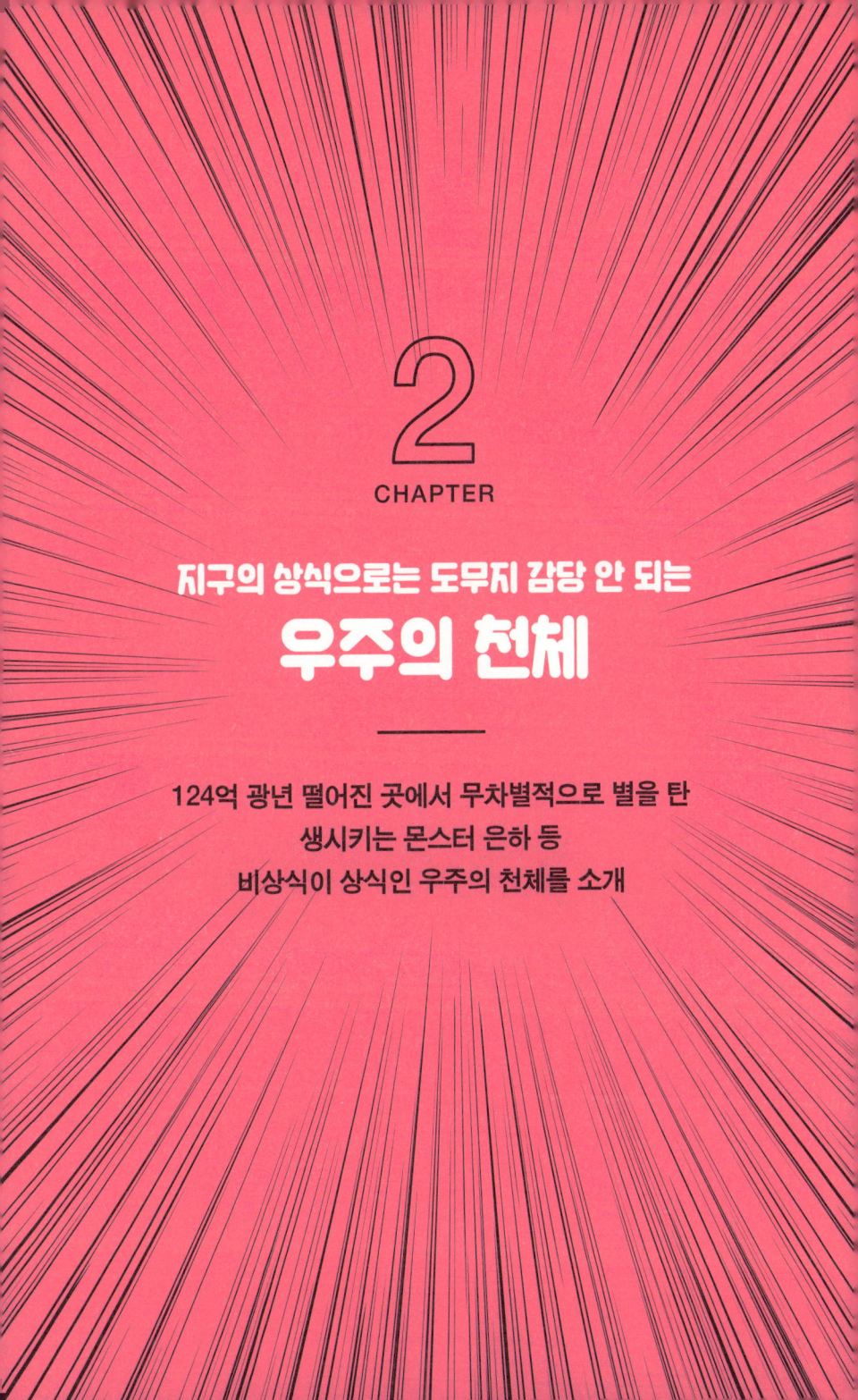

1. 숯보다 까맣다!
빛을 99% 흡수하는 너무 새까만 행성

> **궁금증 메모**

태양과 수성의 거리가 약 5,800만 킬로미터이니까 480만 킬로미터는 꽤 가까운 거리다 새까맣다는 말을 들으면 금세 머리에 떠오르는 색은?

가령, 목탄은 입사광(물질이 굴절, 반사할 때 입사하는 빛)의 약 4%를 반사한다.

지구상의 물질 중 가장 새까맣다고 알려진 반타블랙(Vantablack)도 입사광의 약 0.04%를 반사한다. 어쨌든 새까만 물질은 폭넓게 존재하지만 여기서 소개할 태양계 외 행성 〈TrES-2b〉는 빛을 거의 반사하지 않는다. NASA의 케플러 우주망원경으로 발견한 행성 〈TrES-2b〉는 목성과 거의 비슷한 크기의 가스행성이다. 이 별은 자신의 항성(붙박이별)에서 불과 480만 킬로미터밖에 떨어지지 않은 위치에서 돌고 있고, 섭씨 980도라는 어마어마한 열기로 휩싸여있다. 그럼에도 항성에서 오는 빛의 99% 이상을 흡수하기에 그야말로 새까만 별이다. 숯이나 새까만 아크릴 물감보다 반사율이 낮은 〈TrES-2b〉는 지금까지 발견된 행성 중에서도 가장 어둡다. 원인은 대기에 포함된 가스 상태의 나트륨, 칼륨, 산화티탄 등이 빛을 흡수하기 때문이라고 여겨지지만, 인류가 상상도 못 할 미지의 물질이 존재할 가능성도 있다. 앞서 언급한대로, 섭씨 980도라는 고온 탓에 생명체는 존재하지 않을 것이다. 한 치 앞도 보이지 않는 데다, 가스가 떠돌아다니면서 발생하는 굉음이 그치지 않을 것이다. 거기에 산다고 생각만 해도 무섭다.

궁금증 메모

목성만 한 질량을 가진 가스 행성으로, 항성의 주위를 돌면서 고온인 행성을 핫주피터(Hot Jupiter)라고 한다.

2. 아름다운 물 색깔의 별 그런데 천왕성은 심한 악취를 풍긴다.

천왕성은 태양계의 제7 행성. 태양계 중에서 목성과 토성에 이어 세 번째로 큰 행성이다. 천왕성의 옅은 물 색깔은 마치 사막의 오아시스 같은 분위기를 자아낸다.

'겉모습이 아름다우니 당연히 그 속도 아름답겠지'

하지만 우주는 그리 만만하지 않다. 딱 잘라 말하자면 천왕성은 방귀 냄새가 난다. 천왕성의 구름 성분은 오랫동안 완전히 판명되지 않

궁금증 메모

황화수소는 방귀 등에 포함된 썩은 달걀 냄새가 나는 화합물

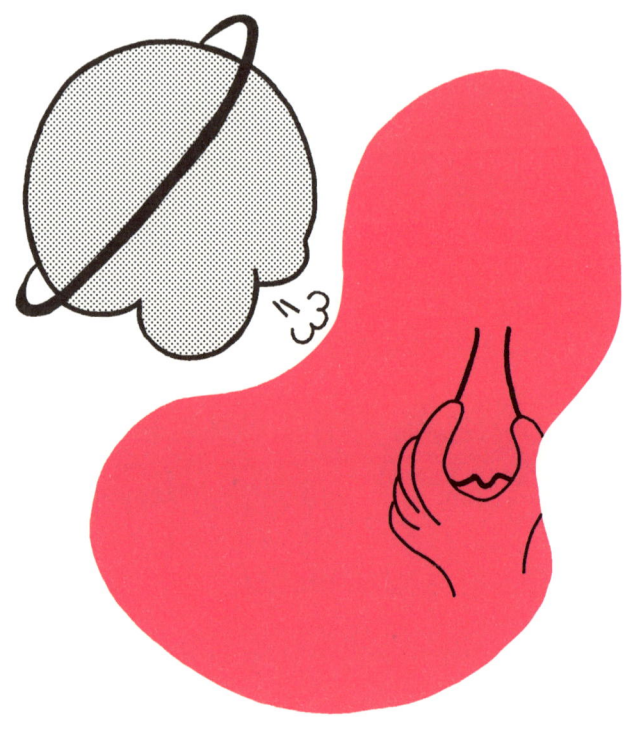

은 채였다. 대기는 주로 수소, 헬륨, 메탄(메테인), 구름도 메탄과 수소 등이 혼합된 얼음으로 구성되어 있다고 추정되었다. 또한, 천문학자들은 황화수소나 암모니아도 포함되지 않았을까?라는 가설을 세워 연구를 계속했지만 확

실한 증거가 발견되지 않았다. 그런데 영국의 옥스퍼드대학 등으로 구성된 국제연구팀이 하와이의 마우나케아산에 있는 제미니 천문대에서 천왕성의 구름에서 반사한 태양의 빛을 근적외선으로 분석한 결과 천왕성의 구름 상층부에 황화수소가 포함되어 있다는 증거를 발견했다. 이 발견은 천왕성이 악취가 심한 별이라는 증거도 되었다. 천왕성에 가서 숨을 들이마시면 방귀나 하수구, 썩은 달걀 냄새가 진동한다는 뜻이다. 하긴 수소, 헬륨, 메탄이 대부분을 차지하는 천왕성의 대기는 영하 200도라서 그 악취를 확인하기까지는 그 전에 더 심한 고통을 겪어야겠지만.

궁금증 메모

마우나케아산은 해저에 6,000미터의 산이 있어서, 합계 10,205m. 우주 관측의 메카로 우주에서 제일 가까운 장소다.

천왕성에 황화수소가 존재한다는 것은 인간에게 불쾌할 수도 있지만, 태양계의 초기 역사를 탐구하고 태양계 이외의 행성계를 이해하는데 천왕성이 중요한 역할을 해 줄 수도 있다.

3. 우주에서 가장 가혹한 환경
유리 비가 휘몰아치는 별

　우주에는 지구의 상식을 완전히 뒤엎는 여러 별이 존재한다. 앞서 언급한 빛을 99% 흡수하는 새까만 별을 비롯해 천왕성처럼 악취가 풍기는 별에 이르기까지 평균적인 인간이라면 도저히 살아갈 수 없는 극한 상황에 놀라지 않을 수 없다.

　이번에 소개할 것은 지구로부터 63광년 떨어진 '푸른 별'이다. 다만 지구처럼 물로 가득 찬 별이 아니고 유리 비가 휘몰아치는 별이

궁금증 메모
'HD 189733b'는 항성의 주위를 한 바퀴 도는 데 2.2일이 걸린다.

다. 인류가 발견한 가혹한 환경을 지닌 별 중에서 개인적으로 가장 살 떨린다는 생각이 드는 게 바로 이 계외행성(태양계 밖의 행성)인 'HD 189733b'이다.

'HD 189733b'는 2005년 10월에 프랑스의 천문학자들이 발견했다. 이 별은 항성에 무척 가까운 궤도를 도는 목성형 행성(핫주피터)이다. 그 후 약 8년이 지난 2013년 7월에 NASA와 ESA(유럽우주국)의 연구팀이 허블우주망원경으로 'HD 189733b'가 무슨 색인지를 밝혀냈다. 관측결과에 따르면 이 별은 코발트블루색이었다.

'HD 189733b'의 색이 짙은 코발트블루인 까닭은 대기의 주성분이 메탄이나 유리의 원료인 '규산염 입자'로 구성되었기 때문이다. 지금부터 본격적인 해부에 들어가자면, 이 별은 항성 가까이 돌고 있어서 항성 쪽을 향하는 대기는 섭씨 1,000도 이상 고온이다. 반대로 밤이 되면 차가워지면서 그 온도 차로 난기류가 휘몰아친다. 그래서 대기 중의 규산염 입자(유리의 원료)가 유리 비가 되어 시속 7200킬로미터 속도로 휘몰아친다. 음속이 시속 1200킬로미터이니까 음속의 6배 속도로 유리 비가 광풍처럼 쏟아진다는 말이 된다. 이 우주에 이토록 차원이 다른 공간이 있을까 싶어 귀를 의심하고 싶은 심정이지만 현재진행형으로, 63광년 떨어진 이 별에서는 유리 비가 늘 휘몰아치고 있다.

4. 극서와 극한을 병행한 지옥의 별에서는 마그마 바다에 돌비가 내린다.

지구에서 일각수좌(외뿔소자리) 방향으로 약 500광년 떨어진 곳에 'CoRoT-7b'라는 별이 있다. 이 별은 슈퍼지구(Super-Earth, 거대지구형 행성)로 분류되는데, 질량은 지구의 약 5배, 지름은 지구의 약 2배로 밀도가 지구와 거의 똑같고 암석으로 구성되었다. 그런데 이 별의 환경이 대단히 위험천만하다.

'CoRoT-7b'는 항성 근처를 돈다. 달이 지구에 늘 똑같은 방향을 보여주면서 돌듯이

궁금증 메모

조석가열(Tidal heating)은 별의 인력에 의해 천체의 형태가 변형하여 발생하는 천체 내부의 마찰열을 말한다.

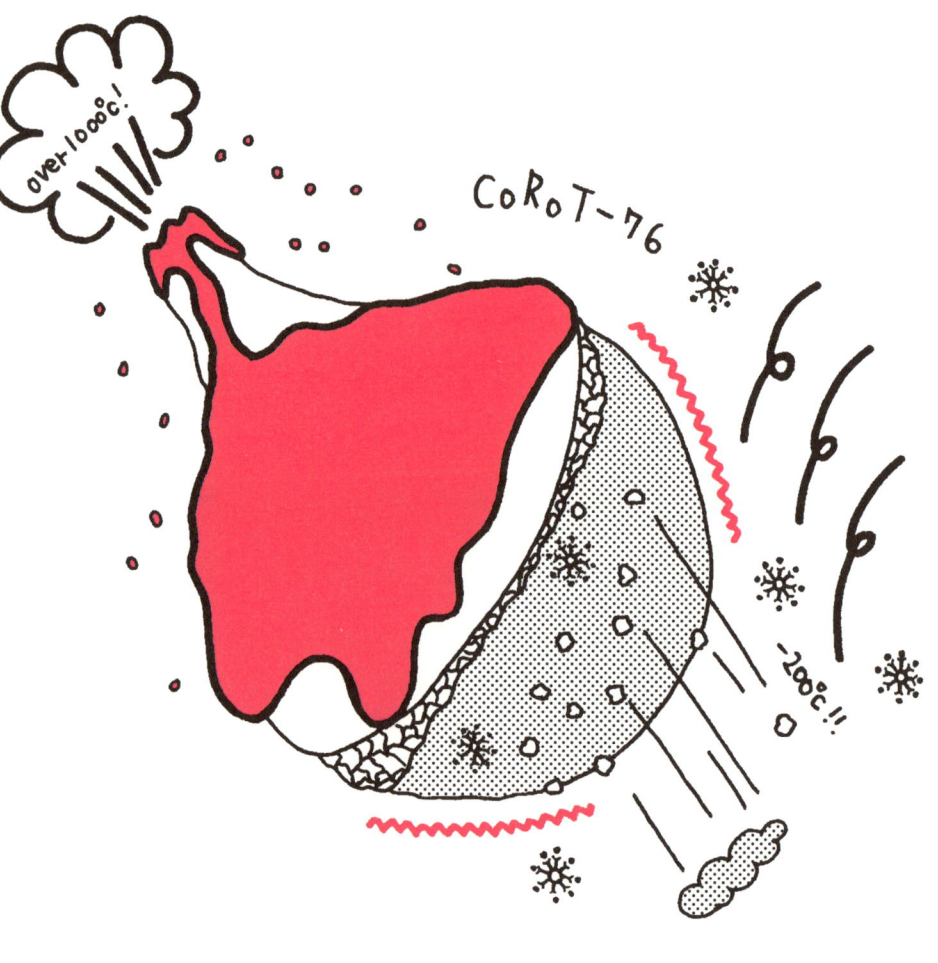

'CoRoT-7b'도 마찬가지다. 그래서 이 별이 항성으로 향하는 방향의 표면 온도는 섭씨 1,000~1,500도이고, 고온으로 인해 암석이

녹아 형성된 마그마의 바다가 존재한다고 알려져 있다. 또한, 증발한 바위가 구름을 형성하면서 차가워진 작은 돌이 지표로 떨어진다. 지구에서는 물로 된 비가 내리지만, 'CoRoT-7b'에서는 돌로 된 비가 내린다. 우주에는 다양한 환경이 존재한다는 것이 새삼스럽게 느껴진다. 한편 항성을 향하지 않는 방향의 표면 온도는 영하 200도로 극한 상황이다. 극서와 극한이 동시에 존재하면서 거기에 돌로 된 비가 내리는데 이걸로 끝이 아니다. 이 별에서는 화산이 활발히 활동한다. 목성의 위성인 이오(Io)도 목성의 중력에 의한 조석가열로 내부 온도가 상승, 화산활동이 활발한 별이다. 이와 마찬가지로 'CoRoT-7b'도 항성 혹은 근처의 행성의 영향으로 화산활동이 활발하다고 추정되고 있다. 한쪽은 아주 뜨겁고, 다른 한쪽은 매우 추운 거기에 돌비가 내리고, 화산활동이 활발한 마치 지옥을 연상케 하는 별 'CoRoT-7b'을 한번은 두 눈으로 확인하고 싶다.

5. 밀도의 75%가 물과 얼음! 지구 같은 '물의 행성'이 존재한다

알다시피 지구는 '물의 행성'이라고 불린다.

지구표면의 약 70%가 물로 덮여 있어서 얼핏 보면 물로 가득 차 있는 별처럼 보이지만,

지구 전체 질량에서 물이 차지하는 비율은 불과 0.02% 정도. 과연 지구를 '물의 행성'이라고 불러도 좋을까. 광활한 우주에는 지구보다 물이 훨씬 많은 별이 있다.

지구에서 땅꾼자리(Ophiuchus) 방향으로 약 42광년 떨어진 곳에 있는 'GJ-1214b'라는 별

궁금증 메모

압력이 높으면 물을 억제하는 힘이 높아져, 잘 끓지 않는다.

이 바로 지구를 웃도는 '진정한 물의 행성'이다.

이 별은 앞서 소개한 돌의 비가 내리는 'CoRoT-7b'와 마찬가지로 슈퍼지구로 분류된

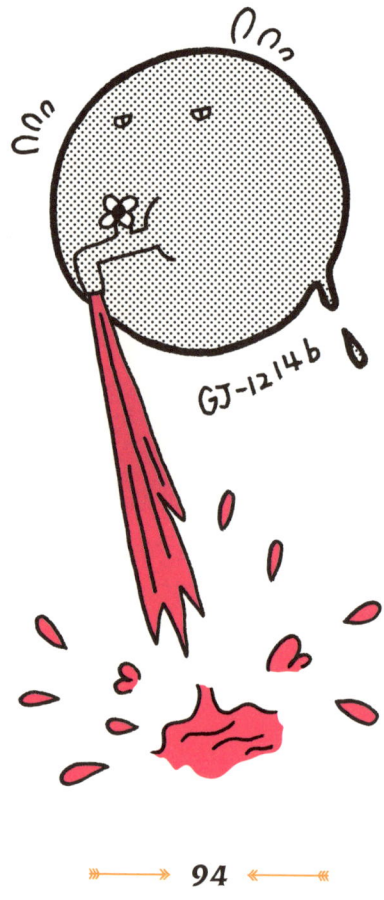

다.

　슈퍼지구로 확인된 계외행성으로는 'CoRoT-7b'에 이어 두 번째라고 한다. 지름이 지구의 약 2.7배, 질량은 약 7배인 'GJ-1214b'가 진정한 물의 행성이라고 불리는 까닭은 이 별 밀도의 75%가 물과 얼음으로 구성되었고, 남은 25%가 암석이기 때문이다. 지구에서 가장 깊은 바다는 마리아나 해구에 있는데, 수심 10킬로미터라고 한다.

　한편, 이 별은 수심이 수백 킬로미터에 달하는 바다가 뒤덮고 있다. 수영을 못하는 사람이라면 절대 이 별에 가고 싶지 않을 것이다. 또한, 이 별의 표면 온도는 섭씨 230도로 추정한다. 물의 끓는 점인 100도를 넘는데도 바다가 존재하는 이유는 이 별이 고압 환경이기 때문이다. 우주에는 압력이 올라가면 끓는 점도 올라간다는 법칙이 존재한다. 그에 따라 이 별은 지구에서는 상상할 수 없는 끓는 바다, 엄청 뜨거운 얼음이 존재한다고 추정된다. 'GJ-1214b'는 항성으로부터 떨어진 얼음이 풍부한 장소에서 탄생했고, 그 후 항성의 행성계가 생성된 직후에 서서히 안쪽으로 이동했다고 여겨진다. 이동 도중에 지구와 비슷한 온도가 되는 생명 거주 가능 구역(Habitable zone)을 통과했을 수 있다. 멀고 먼 옛날, 'GJ-1214b'의 바다에도 생명체가 번성했을 가능성도 있다.

6. 어떻게 그렇게 될 수 있지!?
각설탕 한 개 크기로 무게 수억 톤의 천체

　각설탕 한 개를 손에 쥐었는데, 그게 수억 톤의 무게라면, 이런 일이 가능할까?

　황당무계한 것 같아도 우주에는 실제로 존재하는 사실이다.

　중성자별이 바로 그것이다. 큰 질량을 가진 별은 수명이 다하면 최후 폭발을 일으킨다. 바로 앞에서 얘기한 초신성폭발이다. 별이 초신성폭발을 일으키면 중심부가 응축, 양자가 전자를 포획하면서 중성자가 된다. 이 중성자가 꽉꽉 들어찬 별을 중성자별이라고 한다. 중성자별의 밀도는 상상을 초월할 정도로 높아서,

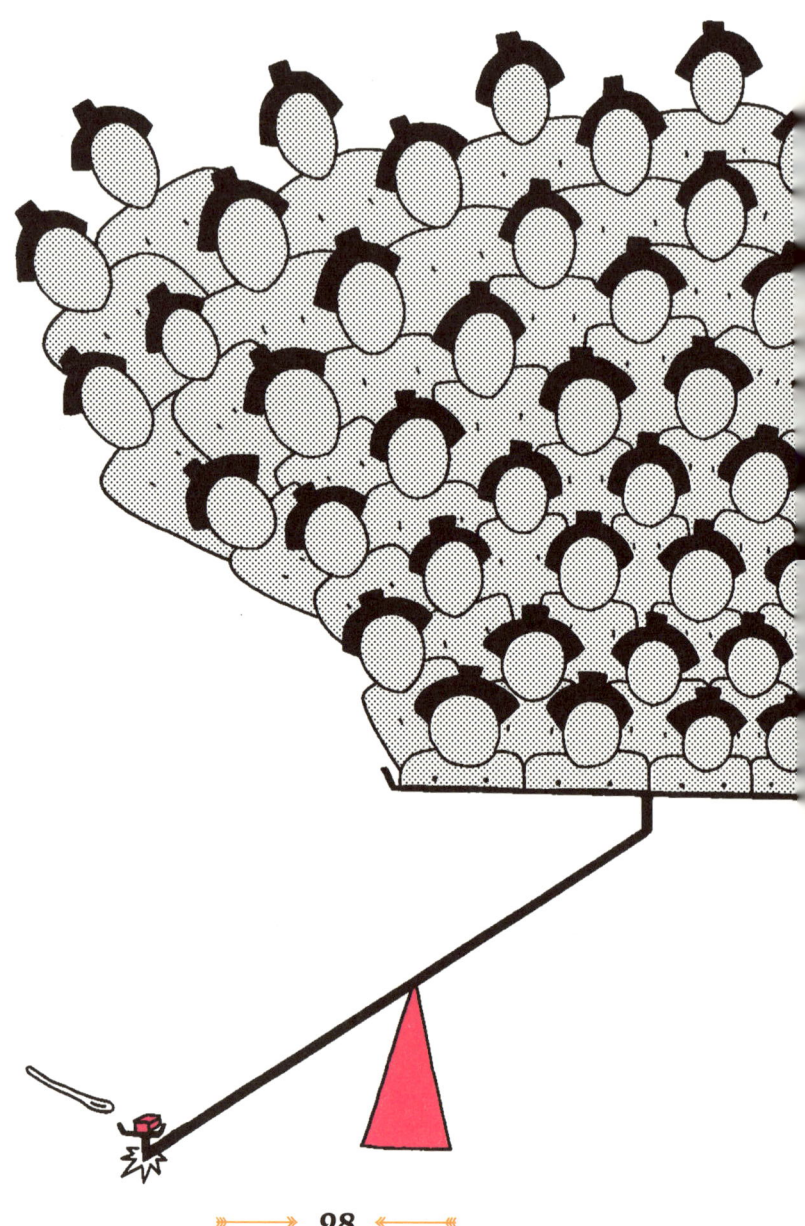

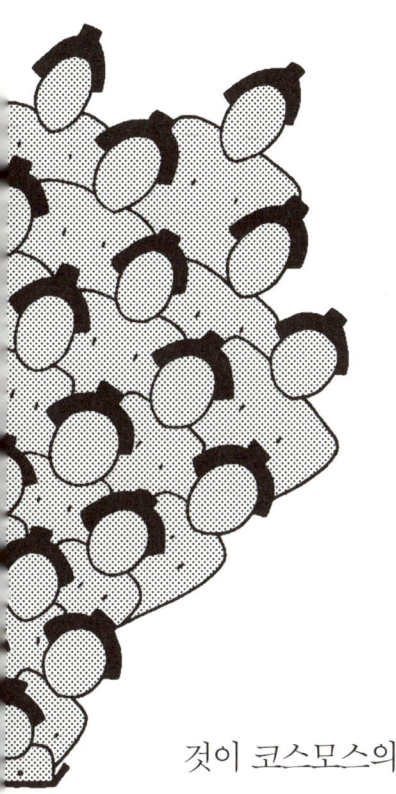

티스푼 한 개 정도인 1세제곱센티미터의 무게가 10억 톤에 달한다고 추정한다. 또한, 상상을 넘어선 크기의 인력(引力)을 가져서 주위의 모든 것을 빨아들인다. 그래도 그렇지, 아무리 생각해봐도 상상할 수 있는 압축의 범위를 넘어선 것 같다. 더는 이해가 불가능하다. 이런 것이 코스모스의 신비다.

마음 같아선 꼭 수억 톤 무게의 각설탕을 만나고 싶다.

> **궁금증 메모**

중성자별의 중력은 지구의 2000억 배라고 추정된다.

7. 너무 고독해서 위험! 우주 공간을 홀로 방황하는 떠돌이 행성(ROGUE PLANET)

지구나 목성 같은 행성은 태양 등의 항성에 이끌려 은하 속에서 이동한다.

하지만 행성 정도의 질량을 가지고 있어도 항성이나 갈색왜성 같은 별의 중력 구속 없이 고독하게 은하를 방황하는 '떠돌이 행성'이 존재한다.

떠돌이 행성은 얼마 전만 해도 '행성' 취급을 받았다. 본디 자신의 주된 별을 공전하는 행성이었는데 어찌 된 일인지 따돌림을 당해 홀로 되었기 때문이다. 하지만 최근의 연구에 따르

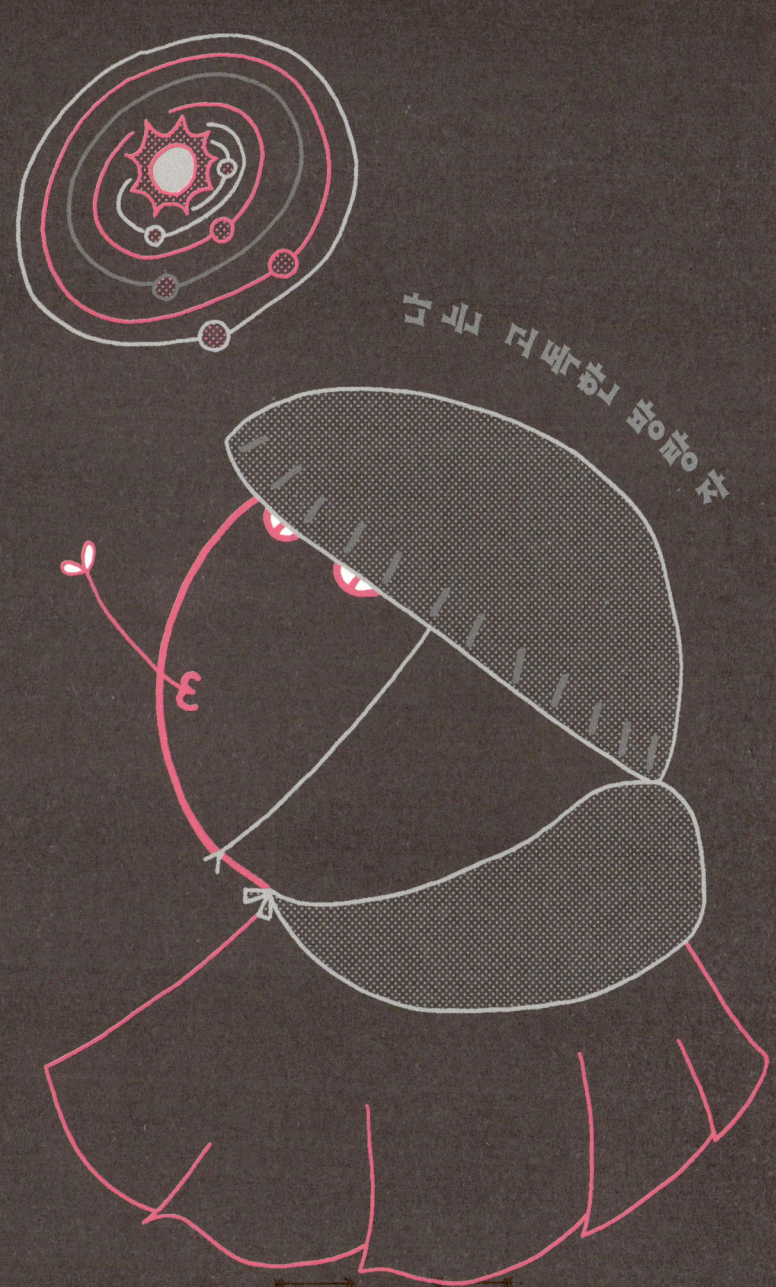

면 항성이 행성 수준의 질량으로 변모할 가능성이 있다고 판명되었다. 그러면서 모든 떠돌이 행성이 원래부터 행성이 아닐 수도 있다는 것을 알게 되었다. 떠돌이 행성의 수는 수천억 개에 달한다고 한다. 우주 공간을 홀로 방황하는 떠돌이 행성에 견주면 인간의 고독은 대단한 게 아니라는 생각도 든다.

궁금증 메모

은하는 수많은 항성과 성간가스 등의 집합체로, 우리 지구가 속한 은하는 '우리 은하'라고 부른다.

8. 인류의 다음 행선지로 최적의 후보
지구와 쌍둥이
'티가든의 별 B'(TEEGARDEN'S STAR B)

소행성의 충돌, 폭주하는 지구 온난화 등으로 미래의 인류가 지구에서 살지 못할 가능성을 들라면 꽤 확률이 높다. 만일 지구의 환경이 파괴된다면, 그것을 회복하는 것은 쓸모없는 짓이라고 생각한다. 별의 환경을 바꾸는 것은 현재 인류의 과학기술로는 매우 어렵기 때문이다. 어떡하면 좋을까. 새로운 별로 떠나는 수밖에 없다.

지구에서 대략 12.5광년 떨어진 '티가든의

별 b'라고 불리는 행성은 인류에게 최적의 이주처라고 말할 수 있다. 2019년 6월, 지구와 비슷한 태양계외행성을 찾고 있던 천문학 국제 프로젝트(CARMENES)연구팀이 지구와 흡사한 별인 '티가든의 별 b'를 발견했다.

이 별은 적색왜성(항성)인 '티가든의 별'(Teegarden's Star)의 주위를 도는 행성인데, '티가든의 별 c'라고 불리는 다른 행성도 '티가든의 별' 주위를 돌고 있다. '티가든의 별 b'와 '티가든의 별 c'는 둘 다 지구형 행성(암석 행성)으로 지구의 1.1배 정도의 질량을 지니고 있다. 두 개 행성의 질량은 모두 지구와 비슷하고 물과 철이 포함된 구조라면 체적도 지구와 비슷하다고 추정한다. 또한, 인류가 살아가는 데 중요한 기온을 살펴보면 '티가든의 별 b'는

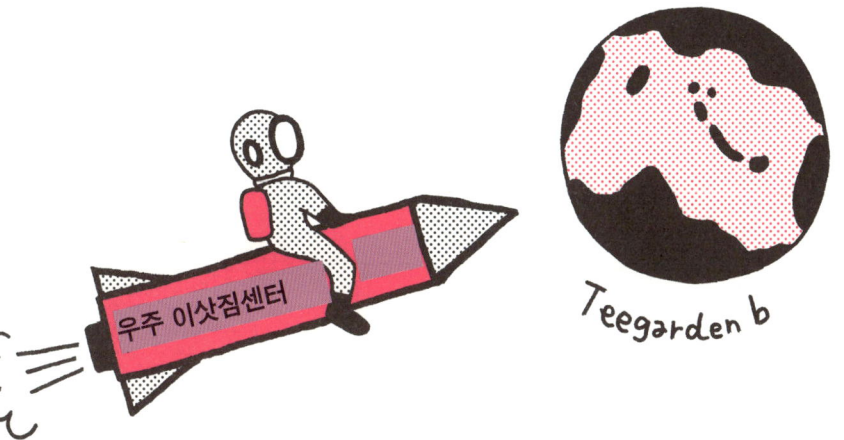

섭씨 0~50도로 평균 잡아 섭씨 28도 전후의 따뜻한 환경일 가능성이 있다. '티가든의 별 c'는 영하 47도 정도로 지구의 일부와 화성의 기온환경과 비슷하다.

또한, 행성, 위성이 지구와 얼마나 비슷한지를 지구를 1.00으로 삼아 나타내는 지표인 '지구유사도 지수'(Earth Similarity Index. ESI)에서 '티가든의 별 c'는 0.68로 무난한 결과를 보여주었다. 한편, '티가든의 별 b'는 지금까지 발견된 별 중에서 가장 높은 0.95라는 수치가 나왔다. 지구에서 12.5광년이라면 가깝고도 먼 곳. 이 거리의 문제만 어떻게 해결할 수 있다면 두말할 것도 없이 우리 인류의 이주처로서 첫 번째 후보가 될 것이다.

궁금증 메모

'티가든의 별 b'의 1년은 약 4.9일

9. 고장 난 탐사선이 잠들어 있는 기름투성이 호수, 강이 흐르는 타이탄

타이탄(Titan)이라는 별을 아는지,

타이탄은 지구와 똑같은 태양계에 속하는 토성의 최대 위성이다.

표면 온도는 영하 179도로 초저온이고, 태양계의 위성에서 최고로 진한 대기를 이루고 있으며, 구름으로 뒤덮여있다. 그런 까닭에 지구의 1.5배 기압을 형성한다.

가장 흥미 깊은 점으로는 지구와 마찬가지로 액체 상태의 호수, 강이 흐르고 있다는 것이다.

그렇지만 이 액체의 호수와 강은 '물'로 구성

되지 않았다. 지구보다 다소 높은 기압과 초저온으로 인해 지구상에서는 가스 상태의 물질인 '메탄 혹은 에탄'이 액체가 되어 호수와 강을 형성하고 있다. 타이탄은 물이 아닌 기름이 별을 순환하는 꽤 별난 세계다. 또한, 메탄 혹은 얼음이 분출하는 빙화산도 존재한다.

2004년 12월 25일, NASA의 토성 탐사선인 카시니(Cassini)에 탑재된 또 다른 탐사선인 ESA(유럽우주국)의 '호이겐스'도 타이탄의 탐사에 나섰다. 타이탄 상공 약 1,000킬로미터 고도에서 대기권에 돌입, 낙하산을 펴고 천천히 강하했다. 약 2시간 반에 걸쳐 지표에 착륙하는 동안에 대기의 구성 등을 관측하고 지표 촬영에도 성공했다.

타이탄에서 태양까지 거리는 지구와 태양의

거리 10배 가까이 되는데, 타이탄 지표에 도달하는 태양광은 지구가 받아들이는 태양광의 몇 %에 불과하다. 또한, 두꺼운 구름으로 덮여서 타이탄의 표면은 낮에도 꽤 어두컴컴한 상태라고 한다. 그래서 탐사선 호이겐스는 지상 700미터의 고도까지 강하해서 아래로 라이트를 비추고는 촬영을 계속했다. 두터운 구

름을 뚫고 지표에 내려간 탐사선 '호이겐스'는 어떤 세계를 봤을까.

너무 '지구적'이었다. 하얗고 밝은 구릉지에는 나뭇가지 형상의 계곡과 모래톱 같은 지형도 있었다고 한다. 인류 사상 최초로 관측된 타이탄의 지표는 지구상에서 익히 봐온 경치와 놀라울 만큼 흡사했다. 그 후 탐사선은 배터리 수명이 다하면서 움직이지 못하게 되었고, 지금은 타이탄의 차가운 대지 위에 잠들어 있다.

궁금증 메모

NASA는 2026년에 발사, 2034년에 도착 예정으로 드론 탐사선을 타이탄에 보낼 계획을 추진하고 있다.

10. 초고속으로 공전, 1년이 겨우 7분인 별이 있다.

1년은 365일×24시간으로 8,760시간이다.

1년의 길이는 행성이 항성의 주위를 한 바퀴 도는 시간인데, 별마다 서로 다르다.

궁금증 메모

쌍성(Binary star)은 두 개 항성이 공통 중심의 주위를 궤도 운동하는 별로, 쌍둥이별이라고도 부른다.

이번에 소개할 것은 1년이 겨우 7분밖에 되지 않는 초고속으로 공전하는 특이한 별이다.

캘리포니아 공과대학의 연구팀이 2019년 7월에 'ZTF J1539＋5027'(약칭 J1539)라는 두 개의 별이 서로의 주위를 도는 쌍성임을 발견했다. J1539는 둘 다 백색왜성으로 불리는 특수한 별로 그중 하나는 크기가 지구 정도이고, 태양의 60% 정도 질량을 지니고 있다. 또 다른 하나는 크기는 비슷한데도 질량이 태양의 20%쯤 되는 비교적 가벼운 백색왜성이었다. 두 개의 별을 합치면 태양과 엇비슷한 질량이라고 한다. 참고로 말하자면 밤하늘에 떠있는 항성의 반 이상은 이처럼 쌍성이라는 형태를 취해 서로의 주위를 돌고 있을 가능성이 있다고 추정한다. 또한, 세 개 이상의 별이 서로 중력적으로 속박되면서 궤도 연동하는 계(系)도 존재한다.

J1539 서로 거리는 달과 지구 사이 거리의 5분의 1 정도로, 꽤 근접해 있다. 또한, 매초 수백 킬로미터 속도에 6분 54초의 주기로 서로의 주위를 공전한다. 또한, 이 두 개의 백색왜성은 하루에 약 26센티미터씩 접근하는데, 나중에는 충돌하면서 주성(가장 밝은 별)이 짝별(혹은 동반성이라고도 한다. 주성보다 어두운 별)을 흡수한다고 추정한다.

J1539는 불과 몇 년이면 궤도주기가 측정 불가능할 만큼 짧아진다고 예상하는데, 이렇게 가까이 접근한 상태에서 서로의 주위를 공전하는 쌍성은 중력파 파도를 발생시킨다는 것이 일반상대성이론에 의해 예측된다.

11. 지구를 지켜주는 목성, 목성이 없으면 지구는 존재하지 못한다.

태양계 최대의 행성인 목성은 수소와 헬륨을 주성분으로 하는 가스행성(거대 기체 행성)이다. 2011년, NASA가 쏘아 올린 목성 탐사선 '주노(Juno)'는 2019년 현재도 목성 관측을 계속하고 있다. 목성은 지구의 11배 크기로 300배 이상의 질량, 1,300배 이상의 체적을 갖는 중량급 행성이다. 그 거대함에도 불구하고, 약 10시간이라는 굉장히 빠른 속도로 자전하는데, 그 고속자전과 대기 중의 거대한 흐름이

궁금증 메모

별의 중력은 질량과 크기로 정해진다.

목성 특유의 아름다운 얼룩말 모양을 만들어 낸다. 이처럼 아름다운 목성이지만 반면에 강력한 측면도 있다. 태양계에는 지구나 달 같은 행성이나 위성뿐 아니라 무수한 혜성과 소행성이 떠돌아다닌다. 그중에서 앞에서 소개한 소행성 '2019 OK'처럼 지구의 안전을 위협하

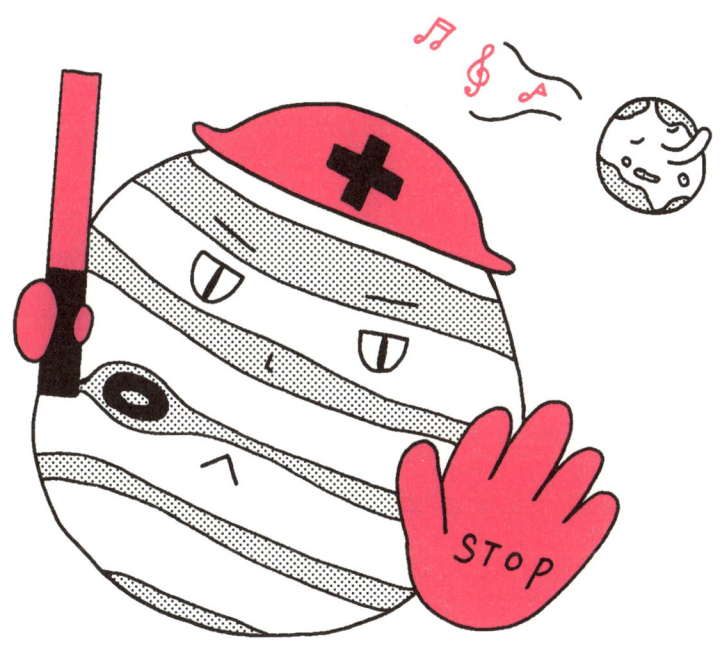

는 것도 다수 존재한다. 하지만 알다시피 위험한 크기의 소행성이 지구에 직접 충돌할 일은 거의 발생하지 않는다. 소행성이나 혜성이 지구에 충돌하기 어려운 이유는 바로, 목성 때문이다.

목성은 중량급 별로 지구 약 2.5배 중력을 갖고 있다. 그 강한 중력으로 소행성 등을 끌어당겨 지구 안전을 지켜준다. 말하자면 목성은 지구의 수호신 같은 존재. 하지만 그 수호신도 드물게 실수를 저지른다. 지구에 위험하지 않는 소행성 등을 목성의 중력으로 궤도를 바꿔 지구에 근접시키기도 한다. 그렇지만 꽤 많은 수의 소행성으로부터 지구를 지켜주니 다소 너그럽게 봐주어도 좋을 듯싶다. 실제로 목성과 소행성의 충돌은 한 달에 5회 정도로 발생한다. 수호신인 '주피터(Jupiter, 목성)'의 존재 덕분에 우리 지구의 생명이 존속한다고 말해도 과언이 아닐 만큼 목성은 든든한 우방이다.

궁금증 메모

목성은 가스행성이지만, 중심에는 고밀도의 중심핵이 있다고 추정한다.

12. 있을 수 없는 장소에 존재하는, '금단의 행성'이라고 불리는 별

2019년 5월에 도무지 있을 수 없는 장소에, 도무지 있지 않을 법한 것이 발견되었다.

'NGTS-4b'라고 명명된 가스행성이다. 지구 질량 20배 정도로 큰 질량을 갖고 있고, 크기는 지구 3배쯤 된다. 해왕성보다는 20%가 작다. 지표 온도는 섭씨 1,000도이고, 항성 주위를 불과 1.3일 만에 한 바퀴 돌 만큼 고속으로 공전한다. 칠레 아카타마 사막의 중심부에 있는 파라날(Paranal) 천문대가 '태양계외행성 탐색'의 목적으로 실시한 'NGTS'(차세대 운송 측량, Next-Generation Transit Survey)에 의해 관측되었다.

그런데 우주에 자주 있을 것 같은 가스행성처럼 보이는데, 왜 있을 수 없는 일일까?

문제가 되는 것은 'NGTS-4b'가 존재하는 장소다. 항성에 가까운 공간인 '넵투니아사막'이라고 불리는 영역에서 발견되었다. 넵투니아 사막은 해왕성만한 크기의 행성이 절대로 발견되지 않는 영역이라고 알려져 있다. 그 이유는 넵투니아 사막이 항성에서 강한 조사(助射, Irradiation 광선이나 방사선 따위를 쬠)를 받는 데 있다. 동일한 영역에 행성이 존재해도, 고온의 조사로 인해 행성표면의 가스가 증발하면서 암석의 핵만 남기 때문이다. 하지만, 'NGTS-4b'는 넵투니아 사막에 있으면서도 지표에 가스를 유지한 채였다. 발견한 연구팀은 이 별을 '금단의 행성'이라고 명명했다.

연구팀은 '본래는 해왕성 크기의 행성이 존재해서는 안 되는' 넵투니아 사막에 금단의 행성이 존재하는 이유에 대해 과거 100만 년 이내로 따지면 극히 최근에 넵투니아 사막으로 이동해와서, 혹은 금단의 행성 대기가 아주 많거나 열에 의해 한창 증발하는 중이기 때문이라고 말한다. 언젠가 금단의 행성도 핵만 남을 날이 올지도.

> **궁금증 메모**
>
> 해왕성은 태양계의 제 8행성으로 암모니아를 포함한 물, 얼음으로 구성되었다.

13. 별도의 태양계가 존재할지도!?
죽은 항성 주위를 계속 돌고 있는 행성의 존재

　예전에는 항성이 수명을 다하면 항성의 주위를 도는 행성은 산산조각이 나서 사라진다고 여겨졌다. 항성은 수명이 있고 태양 정도 크기인 항성의 경우, 내부에 있는 수소연료를 다 사용하면 약 100배의 크기

궁금증 메모

백색왜성은 지구와 비슷한 정도 혹은 조금 작은 크기로 대단한 고밀도를 이룬다.

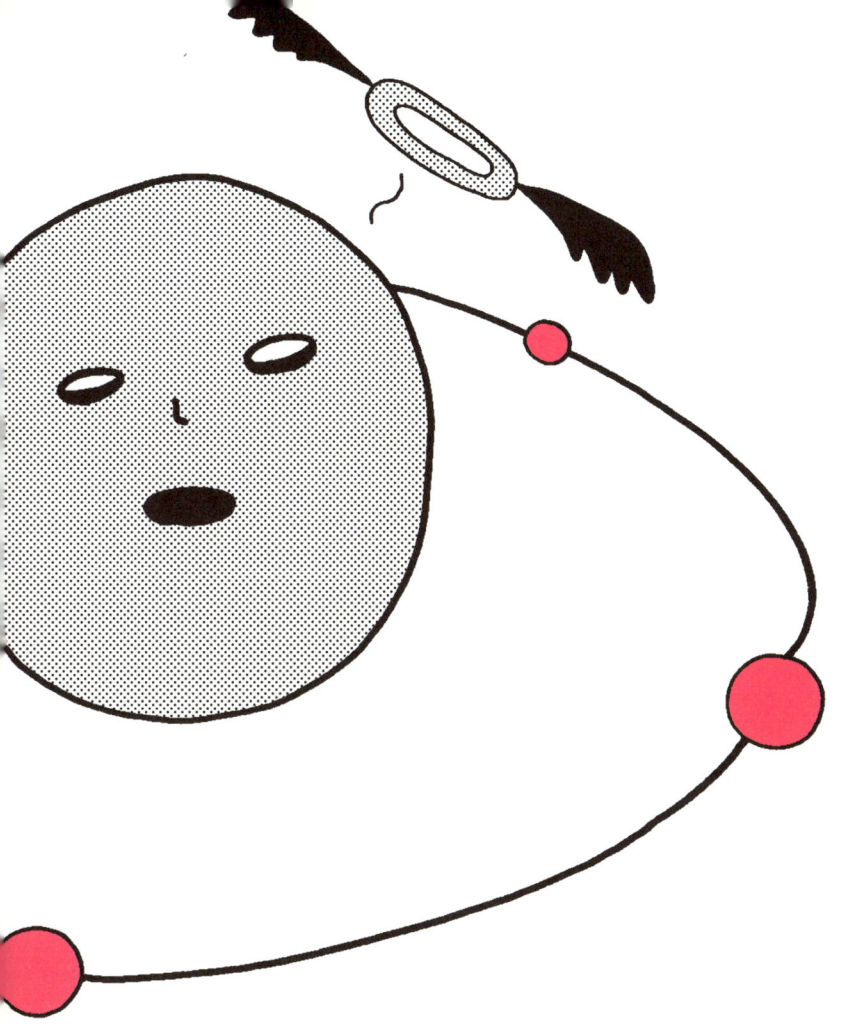

　로 팽창, 적색왜성이 되면서 주위의 행성을 흡수한다.

　그 후, 팽창한 외층부는 바깥쪽으로 방출되

면서 행성상성운(Planetary Nebula)이라고 불리는 아름다운 잔해를 남긴다. 한편 중심부에는 하얗게 빛나는 백색왜성이 남겨지는데, 팽창 시에 미처, 흡수되지 않고 살아남은 행성들이 백색왜성의 강한 중력으로 인해 차례로 흡수된다고 추정한다. 하지만 2019년 4월에 영국 워릭 대학 연구팀이 백색왜성을 둘러싼 가스 원반으로부터 오는 빛을 모아 분석하는 분광법이라는 기술로 백색왜성 주위에 암석 형태의 행성을 발견했다. 이 행성은 원반 속을 두 시간 주기로 공전하는 미행성(planetesimal, 태양계가 생성될 때 존재했으리라 짐작되는 작은 행성)이었다. 연구팀은 이 미행성이 예전에 지구 같은 존재였다고 추정한다. 강한 중력을 가진 백색왜성의 바로 근처에 미행성이 존재한다는 것은 지금까지 우리가 태양계에 관해 가졌던 사고방식을 새삼 다시 바라보게 한다. 혹여 백색왜성의 주위에 수십억 년이나 행성이 계속 존재했을지도 모르니까.

14. 별의 형성 자체가 폭주 상태!
124억 광년 거리의 몬스터 은하

우주에서는 매년 새로운 항성이 계속 탄생한다. 별의 집단인 은하는 그 질량으로 주위의 가스를 끌어당겨 은하 속에서 계속 별을 탄생시킨다. 우리가 속한 은하도 현재 1년 단위의 질량으로서 태양의 몇 개에 해당하는 별이 만들어진다. 하지만 이를 훨씬 뛰어넘는 속도로 별을 계속 만들어내는 은하가 있다는 사실을 알아냈다.

124억 광년 떨어진 은하 'COSMOS-AzTEC-1'은 아예 대량으로 별을 탄생시키는 몬스터 은하다. 일본 국립천문대를 중심으로 한 국제연구팀이 아르마(ALMA) 망원경으로 몬스터 은하를 관측한 결과, 분자 가스 구름이

궁금증 메모

초기 우주에서는 이러한 몬스터 우주도 그리 드문 존재가 아니었다.

대량의 별을 무차별적으로 만들어내는 상황이 포착되었다. 현재 우리 은하에서 태어나는 별 수에 비해 적어도 1,000배 이상의 별이 만들어진다고 한다. 그 원인은 여전히 수수께끼다.

15. 거기까지 가는 게 문제이겠지만 다이아몬드로 만들어진 별에서 부자놀음이나 해 볼까?

이번에는 인간에게는 꿈과 같은 별 이야기다.

2004년 8월, 미국 예일대학과 프랑스 천체물리학 연구기관으로 구성된 연구팀이 다이아몬드로 만들어진 행성을 발견했다. 이 별은 지구에서 40광년 떨어진 게자리의 55번째 행성인 '게자리55e' 반경은 지구 2배 정도고, 질량은 8배인 암석 행성으로 슈퍼지구로 분류된다.

> 궁금증 메모

233만 킬로미터는 지구와 달 사이 거리의 약 6배

이 별은 주로 다이아몬드와 흑연 등으로 구성되어있다. 별 질량 약 3분의 1이 다이아몬드로 되어 있는데, 지구 3개를 합친 질량이다. 내부 다이아몬드는 지구상에서 볼 수 있는 것보다 순도가 대단히 높아서 값으로 따질 수 없을 정도다. 하지만 지구에서 다이아몬드가 비싼 이유는 그 희소성 때문이다. 만일 여기저기 다이아몬드가 굴러다니면 아무리 아름다워도 자갈과 별 차이가 없다. 그러니 '게자리55e'의 상상을 불허하는 다이아몬드 양은 누군가 독차지할 이유도 없을 것이다. 그런데 이 '게자리55e'에 다이아몬드를 채취하러 갈 수 있을까.

40광년 거리가 첫 번째 목표다. 또한, 문젯

궁금증 메모

다이아몬드와 흑연은 같은 탄소 원자가 주성분이지만 구조가 다르다.

거리는 '게자리55e'의 표면 온도다. 다이아몬드 별은 항성부터의 거리가 약 233만 킬로미터로 꽤 가깝고. 이 별의 1년은 겨우 18시간이다. 표면온도는 섭씨 약 2,150도라고 추정한다. 현재 과학기술로는 이 뜨거운 별에 착륙할 수가 없다. 산더미 같은 보물이 눈앞에 있어도 침만 삼킬 수밖에 없는 처지다.

하지만 섭씨 2,000도를 넘는 고온과 탄소의 존재는 다이아몬드가 생성되는 좋은 환경이다. 언젠가 이 별에 잠들어 있는 대량의 다이아몬드를 누군가 채취하는 날이 올 수도.

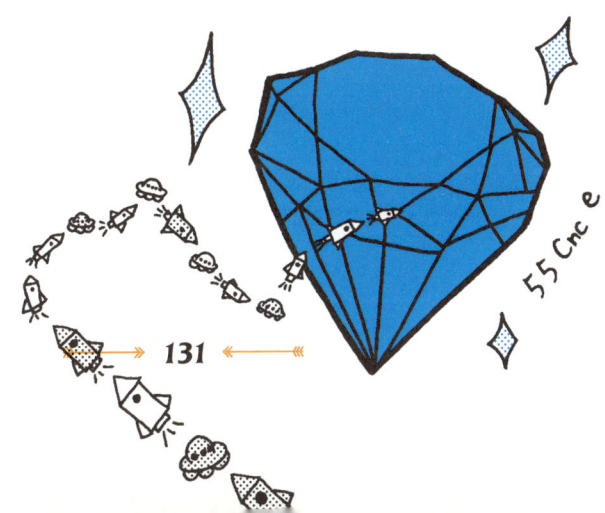

16. 우주에서 가장 거대한 별 '방패자리UY'(UY SCUTI)는 어마어마하게 눈이 부시다.

    우주에는 믿을 수 없을 만큼 많은 별이 존재하지만, 그저 단순하게 거대한 별에 흥미를 느낀 적도 있을 것이다. 이번에는 우주에서 가장 거대한 별을 소개하겠다.

궁금증 메모

방패자리UY가 발견될 때까지 우주에서 제일 큰 별은 큰개자리 VY(Canis Major VY)로 태양의 1,400배 정도의 크기이다.

우주에서 가장 거대한 별은 태양에서 약 9,500광년 떨어진 곳의 '방패자리UY'라는 항성으로 적색 초거성(red supergiant, RSG)으로 분류된다. 적색 초거성은 지름이 태양의 수백 배~수천 배 이상이고 밝기는 태양의 수천 배 이상 되는 항성을 일컫는다.

'방패자리UY'의 지름은 태양의 약 1,700배이다. 태양이 지구의 109배 크기이니까 대략 짐작할만 하다. 또한, 밝기는 태양의 34만 배 정도로 엄청난 광도(luminosity)를 자랑한다.

하지만 이토록 거대한 '방패자리UY'도 질량은 태양의 7~10배 정도밖에 되지 않는다. 크기에 비하면 꽤 가벼운 별이다. 우주에는 아직 인류가 발견하지 못한 별들이 엄청나게 존재한다. 현재로서는 우주에서 가장 큰 별이지만 몇 년 후에는 '방패자리UY'가 발끝도 못 따라올 만큼 큰 별이 발견될 수도 있겠지.

17. 합체! 수명을 마친 두 개의 별이 부활

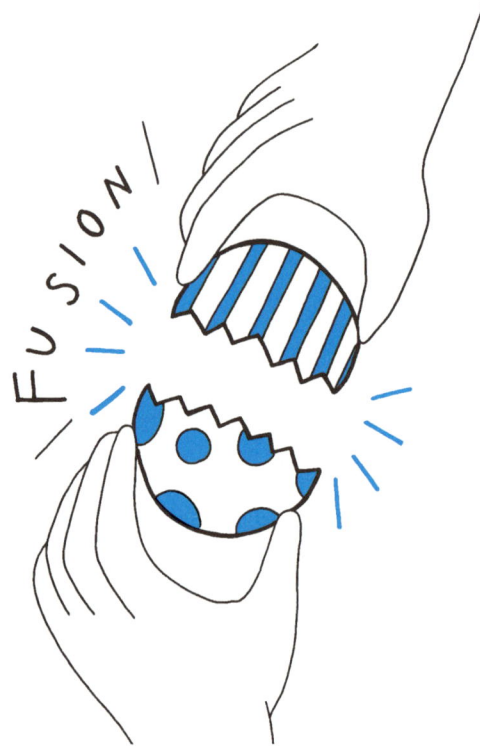

궁금증 메모

1054년에 발생한 초신성폭발은 낮에도 보일 만큼의 밝기가 당시 기록으로 23일 동안 지속하였다.

사람은 수명이 다하면 몸도 다하지만, 별은 그런 것 같지 않다.

수명이 다한 두 개의 별이 합체, 부활한 사례가 보고되었다.

독일 본대학은 러시아 모스크바대학과 합동 연구로 지구에서 약 1만 광년 떨어진 카시오페아자리 한구석에 있는 이상한 별을 발견했다고 발표했다.

예전에 소멸했어야 할 두 개의 항성이 동일한 궤도상을 돌고 있고, 수백만년에 걸쳐 서서히 근접해 기적적으로 합체함으로써 항성으로서 부활했다는 것이다. 합체한 두 개의 별은 백색왜성이었다. 태양같은 항성은 수소의 핵융합으로 막강한 에너지를 만들어내는데, 수소를 다 소진하고 나면 그 다음은 헬륨이 핵융합에 사용된다. 하지만 이 수준의 질량을 가진 항성은 헬륨보다 무거운 원소에 의한 핵융합반응을 일으킬 수 없기에 헬륨을 다 소진한 단계에서 핵융합이 끝나면 백색왜성으로 변모한다. 이 핵융합을 마친 단계가 항성으로서는 죽음이지만, 두 개의 별이 합체해서 다시 태어나는 데 성공했다는 것이다.

이렇게 부활한 항성은 밝기는 태양의 약 4만 배, 질량은 태양의 1.4배로 추정된다. 하지만 부활은 성공했지만 그 밝기는 수천년밖에 가질 않는다고 한다. 그리고 그 후에는 초신성폭발을 일으켜 지구에서도 그 밝기를 관측할 수 있다고 예측된다.

18. 거대하건만 구멍이 숭숭 뚫린 스티로폼 같은 별

별은 크면 클수록 무거워지는 게 아니다.

각각 밀도가 달라 앞에서 언급했듯이 중성자별처럼 각설탕 하나 크기이지만 수억 톤의 질량을 가진 별을 비롯해 스티로폼 저리 가라 할 만큼 구멍이 숭숭 뚫린 별처럼 다양한 무게가 있다.

지구에서 전갈자리 방향으로 약 1,000광년 떨어진 곳에 있는 항성 'WASP-17'의 주위를

궁금증 메모

'WASP-17b'도 핫 주피터로 분류된다.

도는 계외항성 'WASP-17b'라는 별이 스티로폼 비슷하게 가벼운 별이다.

이 별은 크기가 목성의 1.5~2배인데도 질량이 목성 반밖에 되질 않는다. 가스행성인 목성조차 웃돌 만큼 낮은 밀도다. 일반적으로 행성은 중심이 되는 항성이 회전하는 방향과 같은

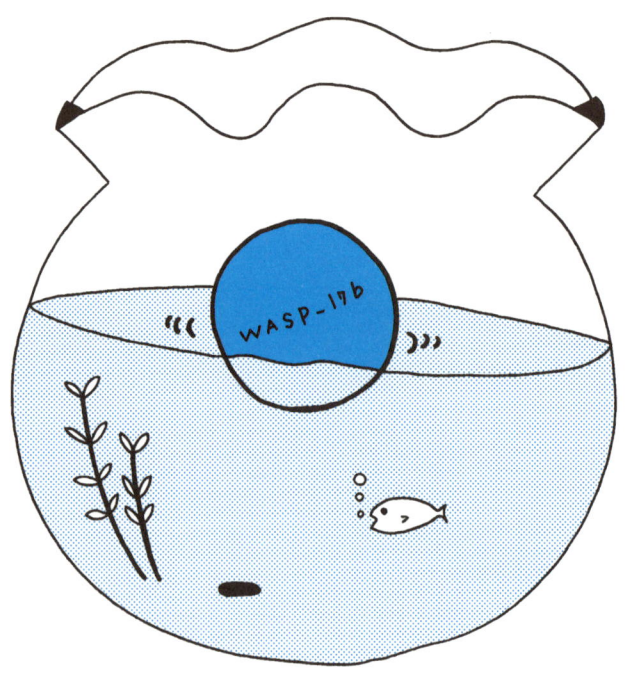

방향으로 공전하는데, 'WASP-17b'는 중심이 되는 별의 자전 방향과 반대로 돈다. 이는 별이 막 태어났을 때 궤도에서 다른 행성과 간발의 차이(near miss)로 충돌을 피했기 때문이라고 추정된다. 형성 초기 행성은 간발의 차이 혹은 실제로 충돌하는 일이 많고, 어디든 멋대로 존재하게 된다. 가령, 달은 태어난 지 얼마 안 되는 지구에 화성 크기의 행성이 충돌하는 바람에 바깥으로 흩어진 물질로 형성되었다고 추정한다.

'WASP-17b'도 간발의 차이로 공전 방향이 바뀌었을 것이다. 스티로폼 수준의 밀도인 'WASP-17b'는 물에 띄울 수도 있을 것이다. 개인적으로는 엄청나게 거대한 수조를 준비해서 수면에 띄워보고 싶은 충동이 생긴다.

편도로 여행한, 우주에서 죽은 개 이야기 ❷

처음에는 개들을 조금씩 좁은 공간에 익숙하게 만드는 훈련을 했다. 관찰할 수 있는 작은 창이 달린 캡슐 안에서 폐쇄적으로 실험했는데, 캡슐 크기를 점차 줄여나갔다. 개들은 처음 며칠 간은 짖거나, 끙끙댔지만 머지않아 침착해졌다.

다음 단계로는 몸을 제대로 움직일 수도 없는 좁은 공간에 개들이 투입되었다. 헬멧이 부착된 우주복을 입힌 개들은 쇠사슬로 고정되었고, 앉고 서거나 앞뒤로 약간 이동할 수 있을 뿐인 상태에서 길게는 20일을 보내야 했다. 거기에 외부 자극에 대한 참을성 훈련도 행해졌다. 훈련에 적응하지 못한 개들은 수시로 탈락시켰고, 최종적으로 열 마리의 개가 남았다. 이 중에서 다시 6마리가 선발되었고 실제 상황과 똑같은 캡슐에서 폐쇄 훈련을 하였다. 마침내 '라이카'라는 개가 최종 선발되었다. 모스크바의 떠돌이 개가 우주에 가게 된 것이다.

개를 우주선에 태워 보내는 것은 금속 물체를 쏘아 올리는 것과는 사정이 다르다. 산 채로 우주로 내보내지 않으면 의미가 없다. 제대로 갖춰진 생명유지장치가 필수적이었다. 그렇다고 우주선의 중량이 높아지면 우주선 발사의 어려움도 따라서 높아진다. 그래서 라이카가 들어갈 공간은 반경 32센티미터, 길이 80센티미터 밀폐된 캡슐로 결정되었다. 중앙이 둥근 캡슐에는 스푸트니크 1호에서 사용한 무선발신기와 배터리, 보온도시락 형태의 우주선(線), X선, 자외선 관측 센서가 탑재되었다. 또한, 라이카에 심박수, 혈압, 호흡을 확인하기 위한 센서가 장착된 우주복을 입혔다. 이 우주복으로 라이카의 생사를 확인할 수 있다. 가장 골칫거리는 라이카에 공급할 먹이였다. 시스템을 간소하게 하려고 먹이는 한 종류만을 공급하기로 했다. 검토를 거듭한 끝에 체중이 줄어들지 않고 개를 8일간 생존시킬 수 있는 영양메뉴와 수분이 결정되었다. 먹이는 빵부스러기 40%, 고기 20%, 소의 지방 20%를 배합해 여기에 물과 젤라틴 파우더를 섞어, 젤 형태로 만들었다. 이 먹이를 약 2리터의 구리 캔에 넣고, 먹이 줄 시간에 하루 100그램씩 카트리지 벨트를 이용해 개 앞에 놔둔다.

이렇게 준비된 스푸트니크 2호의 사양은 높이 4.3미터, 바닥 지름 2.3미터인 원추형으로 중량은 504킬로그램이었다. 이로써 라이카를 무사히 우주에 보낼 수 있었다.

하지만 이 우주선에는 대기권에 재돌입, 안전하게 착륙시키는 장치가 설치되지 않았다. 아니, 장치를 설치할 수 없었다. 당시는 아직 대기권에 재돌입하는 기술이 확립되지 않았다. 그래서 라이카를 태운 스푸트니크 2호가 발사된 그 순간 개가 죽는 것은 확실했다. 이 프로젝트에 관련한 사람들은 그것을 당연하게 여겼다. 그래서 그들은 라이카를 우주에 보내기 전에 정성껏 보살펴주었다. 훈련 시키면서 때로는 매로 다스리기도 했지만, 전반적으로 대우는 좋았다. 코롤료프를 비롯한 관계자들은 훈련받는 개들을 시찰할 때마다 가져온 먹이를 주고, 쓰다듬어주며, 귀여워해 주었다.

3
CHAPTER

의외로 모르는 우주의 이모저모

무서운 이야기이지만
2060년이면 오존층의 완전한 부활 같은…
기분 좋은 이야기도 담겨있다.

1. 세상은 초신성폭발로 시작하였다.
우리 모두는 초신성의 잔해

모든 시작의 출발점인 빅뱅은 우주에 수소와 헬륨을 가져왔다. 이전에는 수소와 헬륨뿐 아니라 일상적으로 존재하는 모든 원소가 빅뱅으로 인해 합성되었다고 여겼다.

하지만 이는 잘못된 해석이었다. 그렇다면 우리 주위에 흔한 산소, 탄소, 질소, 철 등의 원소는 어느 단계에서 이 우주 공간에 공급되었을까.

바로 초신성폭발이다. 초신성폭발에도 여러 종류가 있다. 항성이 스스로 빛날 수 있는 이유는 내부에서 핵융합반응이 일어나기 때문이다. 초기 우주에 충분히 많았던 수소, 헬륨 등

궁금증 메모

초신성은 그 폭발로 인해 초고온이 되기 때문에 항성 내부의 원소합성으로는 불가능한 중원소 합성이 가능하다.

이 융합을 반복함으로써 탄소, 산소, 네온, 칼슘 등의 원소가 차례로 만들어졌다. 비유하자면 항성은 원소를 만드는 기계 같은 것이었다. 그리고 어떤 초신성에서는 별이 흔적도 없이 날아갔기 때문에 별 내부의 물질이 모두 우주에 흩뿌려졌다. 이에 따라 우리 주위에 존재하는 원소가 우주에 공급되었다. 이러한 원소들은 초신성폭발을 거쳐 우주를 떠돈다. 그러다 우주에 떠돌던 수소와 헬륨 그리고 다른 별에서 온 가스와 합쳐지면서 다른 것보다 조금 짙은 가스 덩어리가 생성되어 그 중력으로 주위 가스를 끌어당겨 별이 된다. 우리 태양계도 46억 년 전에 이러한 과정을 거쳐 탄생했다고 추정한다. 항성을 도는 행성 중에는 광활한 바다를 가진 것도 있을 수 있다. 그 바닷속에서 단

백질이 형성되었고, 생명이 탄생할 수도 있다. 우리 인류는 초신성폭발로 비롯된 기적이 겹쳐진 결과로 탄생한 존재다.

2. 태양계에서 가장 높은 산, 에베레스트조차 움츠리는 높고 높은 산

지구에서 가장 높은 산은 에베레스트.

하지만 우주에는 그와 비교도 안 될 만큼 높은 산이 있다.

태양계에서 최대급이라고 일컬어지는 화성 최대의 방패 형태 화산인 '올림포스'

에베레스트산의 높이가 8,850미터인데 비해 올림포스산은 약 27,000미터이다.

궁금증 메모

마우나케아산(하와이)의 해수면으로부터의 높이는 4,207미터

올림포스산은 오랫동안 휴화산이라고 여겨졌다. 하지만 2004년 12월 23일, 독일 연구팀이 240만 년 전에 분화한 흔적을 발견, 미래에도 분화할 가능성이 있는 화산으로 지적했다. 화성의 화산은 수십억 년이라는 오랜 수명을 누리면서 수십만 년 ~수백만 년에 걸쳐 활동을 쉰 적도 있다고 알려져 있다. 올

림포스산 화산활동으로 형성된 칼데라(화산 분출로 생긴 화산 지형)의 크기도 어마어마한데 6개의 칼데라가 겹쳐서 형성되었고 후지산 정도면 그 안에 쏙 들어갈 정도다. 이토록 거대화된 이유는 화성에서는 지각(판, plate)이동이 일어나지 않기에 열점(핫스팟, hot spot, 장기간에 걸쳐 화산활동이 계속되는 장소)에 화구(마그마 등이 지표로 분출되는 구멍)가 계속 쌓였기 때문이라고 추정하고 있다.

그밖에도 목성의 위성 '이오'에도 에베레스트를 능가하는 1만 킬로미터급의 화산이 많다. 지구에서도 1만 킬로가 넘는 산이 존재한다. 지구에서 제일 높은 산인 에베레스트는 해수면으로부터의 높이다. 하지만 해중(海中)을 포함하면 지구에서 제일 높은 산은 에베레스트가 아니라 하와이에 있는 마우나케아산이다. 해중을 포함한 높이는 올림포스산에도 견줄만한 10,203미터나 된다.

3. 수성의 불가사의 물은 없는데 얼음은 있다?

수성은 태양계 제 1의 행성으로 태양에서 가장 가까운 궤도를 도는 별이다.

수성이라는 말을 들으면 물이 풍부한 별처럼 생각되는데, 물은 없고 암석과 금속으로 구성되었다. 외형만으로는 달과 똑같이 살풍경한 행성이다. 달과 수성이 다른 점은 수성에는 극히 미량의 대기(大氣)가 존재한다는 것이다. 하지만 수성의 대기는 너무 얇아서 태양을 향

궁금증 메모

수성의 얼음은 전부 합쳐 3조 톤 정도로 추정한다.

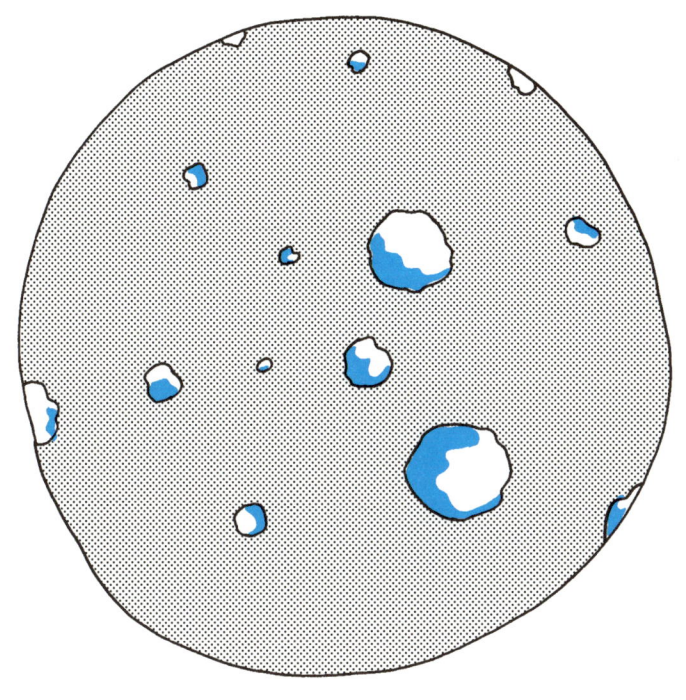

할 때는 지표 온도가 450도까지 올라간다. 이 토록 뜨거운 별에 물이 있다면 눈 깜박할 새에 증발할 것이다. 그런데 신기하게도 수성에 물은 없지만, 얼음은 있다. NASA의 수성 탐사선

인 '메신저'가 촬영한 이미지를 분석한 결과, 남극 근처 여러 개의 충돌구(크레이터, crater-단단한 표면을 가진 별에 다른 작은 별이 충돌했을 때 생기는 특징적인 형태의 구덩이) 안쪽에 영원히 태양광이 닿지 않는 장소가 있다는 것을 확인했다. 거기에 얼음이 있었다. 수성에서는 태양광이 닿는 장소는 고온이지만 그늘진 장소는 영하 170도까지 내려간다. 그렇기에 빛이 없는 곳에서는 얼음이 존재한다. 그런데 어떻게 얼음이 수성으로 운반되었을까. 아직은 자세히 모르지만, 물을 풍부히 포함한 혜성이나 소행성이 충돌할 때 생겼다고 추정한다. 이 의문을 해결한다면 지구에 많은 물이 있는 이유를 알게 될 단서가 될지도.

4. 스티븐 호킹의 도전장
블랙홀은 증발한 끝에 사라진다!?

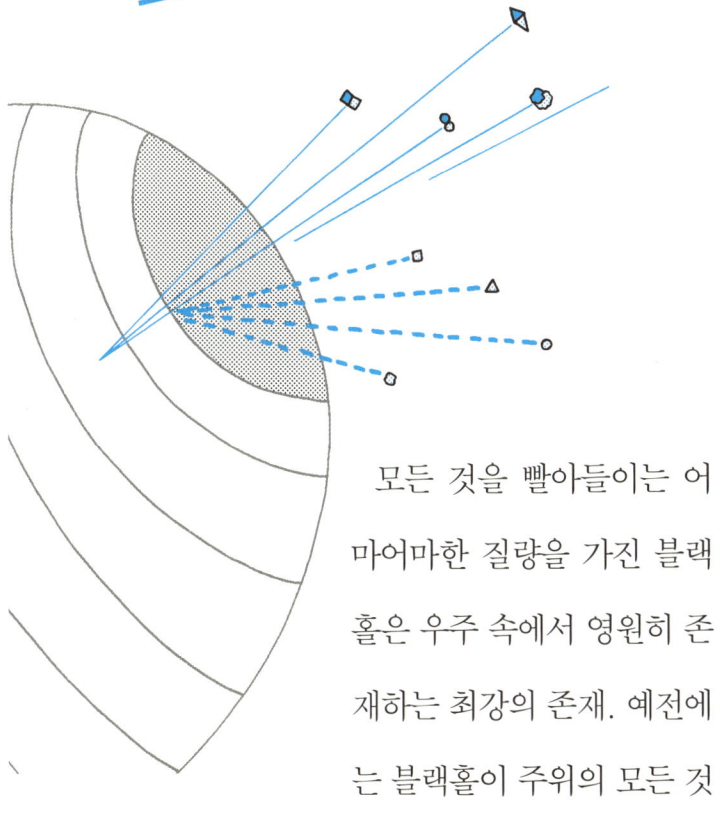

모든 것을 빨아들이는 어마어마한 질량을 가진 블랙홀은 우주 속에서 영원히 존재하는 최강의 존재. 예전에는 블랙홀이 주위의 모든 것을 빨아들여 오로지 질량을 늘려가는 존재라

고 생각되었다. 하지만 1974년에 영국의 이론 물리학자인 스티븐 호킹이 '호킹 복사'(Hawking radiation)라는 충격적인 이론을 내놓았다. 호킹은 미시 세계의 물리법칙인 양자론(양자역학)의 사고방식을 거시 세계인 블랙홀에 적용했다. 양자론에 따르면 아무것도 없어 보이는 진공이라도 '가상 입자'가 생성되거나 소멸된다. 한 조로 구성되는 가상 입자의 한쪽만 블랙홀에 빨려 들어가는 수가 있다. 그러면 빨려 들어가지 않은 나머지 한쪽의 입자는 그 반동으로 인해 먼 곳으로 튕겨 나간다. 이 입자를 멀리서 관찰하면 블랙홀이 입자를 방출하고, 그만큼 에너지나 질량을 줄여서 작아진 것처럼

궁금증 메모

이스라엘 연구팀의 블랙홀은 튜브에 유체를 흘려보내, 어떤 지점에서 음속 이상으로 가속하여 음향적으로 지평면을 만들어 낸 것.

보인다.

이것을 '블랙홀 증발'이라고 부른다.

2016년에 이스라엘 연구팀이 이 이론을 뒷받침하는 연구논문을 발표했다. 인공적으로 만든 블랙홀로 '호킹 복사' 현상을 관측했다. 또한, 블랙홀의 증발은 블랙홀이 클 때는 대단히 천천히 진행한다. 블랙홀이 작아짐에 따라 증발 속도가 빨라지면서 질량이 점점 감소한다. 그리고는 마지막으로 격렬하게 증발한다고 한다.

태양만큼 무거운 블랙홀이 완전히 증발하려면 10의 66제곱 년은 걸린다고 한다. 또한, 은하 중심부에 있다고 여겨지는 어마어마한 질량의 블랙홀(태양의 1조 배 질량)은 10의 100제곱 년이라는 까마득한 시간이 걸린다고 한다.

5. 우리 인간이 잠들어 있을 때도
태양계는 '마관광살포'(만화 드래곤볼에 나오는 필살기)

달은 지구 주위를 돌고, 지구는 태양 주위를 돈다.

마찬가지로 태양이 중심인 태양계도 은하의 중심에 있는 블랙홀의 주위를 돈다.

지구는 태양 주위를 초속 30킬로미터 정도

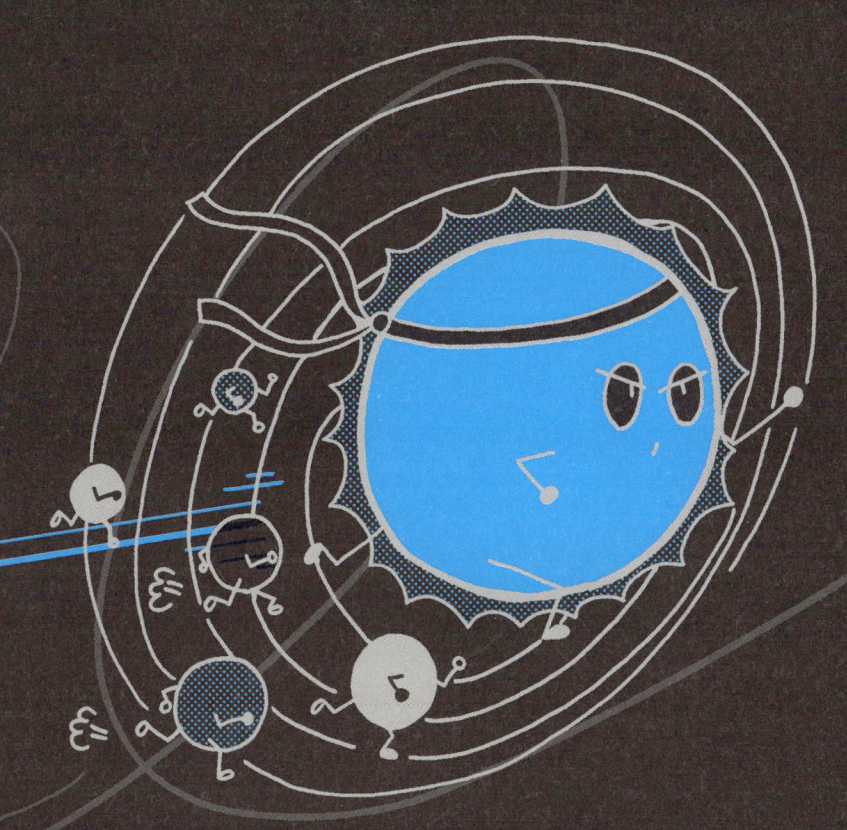

로 이동한다. 태양계는 초속 240킬로미터 정도로 은하 안에서 이동한다. 초속 240킬로미터는 도쿄에서 오사카까지 1.7초도 채 안 되어

> **궁금증 메모**
>
> 태양계는 현재 우리 은하 속에서 돌고 있는데, 태양계가 탄생하고 약 20~25회쯤 돌고 있다.

도달하는 속도다. 따라서 우리가 지구에서 잠자고 있어도 실은 우주 공간을 초고속으로 이동하는 셈이다. 은하를 이동하는 태양계의 궤적이 아주 재밌다. 태양계의 행성은 맹렬한 속도로 이동하는 태양의 주위를 장난치듯이 혹은 재롱부리듯이 돈다. 마치 인기 만화인 드래곤볼에 등장하는 피콜로가 사용하는 필살기 '마관광살포'처럼 보인다.

 태양계를 설마 피콜로가 만들었을까? 물론 아니겠지만, 상상만으로 즐겁다.

6. 상상 초월 수량
우주의 별은 지구상의 모래알보다 많다.

우주에는 얼마나 많은 별이 있을까.

별 가득한 하늘을 바라볼 때, 한 번쯤 그런 생각을 해봤을 것이다.

우리 태양계에 속하는 은하에는 2,000억 개 항성이 존재한다고 추정한다.

항성 주위로 달처럼 위성이 도는 것도 있다. 그러면 2,000억 개는 훨씬 넘는 별이 존재하는 셈이다. 하지만 확실한 데이터가 없어서 항

궁금증 메모

지구에서 직접 눈으로 보이는 별의 수는 8,000~9,000개 정도

성은 2,000억 개 정도로 추정한다. 나아가 관측 가능한 우주에는 은하가 2조 개가 있다고 추정되는데, 단순히 계산해도 우주 전체에 항성이 4,000조의 100배인 4,000해(垓, 해는 경의 만 배인 자연수이다.) 개가 있는 셈이다. 일상적으로는 절대로 쓸 일이 없는 단위라서 얼마나 큰 수인지 감이 오질 않는다.

그런데 지구상의 모래알 수는 얼마나 될지 감이 오는지?

지구 질량은 약 60해(垓) 톤. 만일 지구 질량의 구성이 모두 모래알이라고 가정하면, 모래알 수가 별의 수보다 많다. 하지만 모래알은 지구의 극히 표면밖에 존재하지 않는다.

그렇게 되면 별의 수가 지구상 모래알 수를 압도한다.

7. 우리 은하(MILKY WAY)와 안드로메다(ANDROMEDA) 은하가 합체! 초거대 은하, 밀코메다(MILKOMEDA)탄생

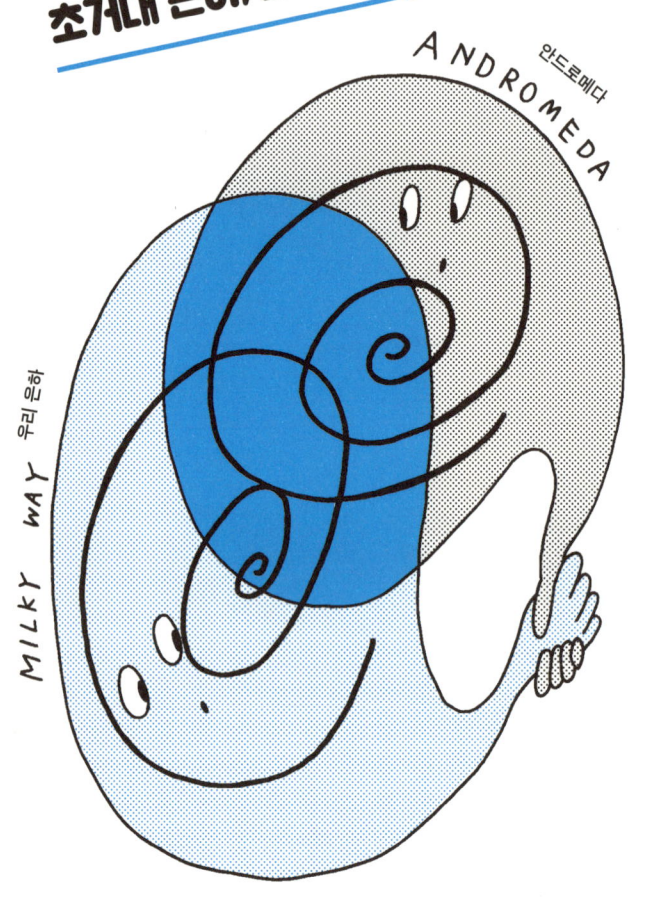

지구가 속한 곳은 우리 은하. 지구에서 250만 광년 떨어진 곳에는 안드로메다 은하가 존재한다. 안드로메다 은하는 우리 은하에서 가장 가까운 은하.

현재 우리 은하와 안드로메다 은하는 서로의 중력으로 끌어당기고 있고, 시속 약 40만 킬로미터의 맹렬한 속도로 가까워지고 있다. 아직은 멀고 먼 거리를 유지하지만, 미래에 두 은하는 충돌할 운명에 처해있다. 충돌할 뿐 아니라 수십억 년이라는 시간이 흐르면 합체한다고 예상하고 있다. 합체해서 완성되는 새로운 은하를 두 은하의 이름을 따서 밀코메다

궁금증 메모

두 은하의 중심에 있는 어마어마한 질량의 블랙홀도 오랜 세월에 걸쳐 하나로 되었다고 추정한다.

(Milkomeda)라고 부르는 사람도 있다. 최종적으로 타원 형태의 초거대 은하가 탄생하는 것이다. 하지만 그때가 오려면 45억 년 후라야 한다. 45억 년 후에 지구가 여전히 존재해도, 지구상의 생명체가 존재한다고 해도, 두 은하의 합체가 생명체에 미치는 영향은 거의 없을 거라고 추정한다. 우주는 상상 이상으로 광활하고 별들은 서로 멀리 떨어져 있어서 은하끼리는 충돌해도 각각의 별은 직접 충돌할 가능성이 아주 낮다. 밀코메다 안에서 태양계의 궤도가 바뀔 수도 있지만, 지구는 그때 가서도 태양 주위를 공전할 것이다.

8. 지금 환경파괴를 멈추면! 2060년 오존층 부활!

궁금증 메모

이전에는 완전 회복이 2075년까지라는 계산이었지만, 회복 속도가 생각보다 빠른 듯

오존층은 상공 10~50킬로미터의 성층권에 있는 얇은 층을 말한다.

지구를 쪽 감싸며 지상의 동식물을 유해한 자외선에서 보호해준다. 하지만 인류가 프레온 가스라는 화학물질을 에어컨이나 냉장고 냉매 등에 무계획적으로 사용한 결과, 1980년

대에 오존층에 구멍이 뚫렸다는 사실이 확인되었다. 성층권까지 상승한 프레온 가스를 태양의 자외선이 분해시키면 염소 원자를 방출, 오존분자를 파괴한다. 오존층에 뚫린 구멍 즉, 오존홀(Ozone Hole)이 확대되면서 지표에 유해한 자외선이 쏟아지면 피부암 혹은 동식물 수가 감소하는 등의 악영향을 미친다. 그래서 프레온 가스 대신에 오존을 파괴할 염려가 없는 수소불화탄소(Hydrofluorocarbon, HFCs) 등을 사용하자는 세계적인 움직임이 진행되고 있다.

2005년 이후로 NASA는 오존홀에 대한 감시를 계속하고 있다. 관측 결과에 따르면 오존홀 크기가 축소하고 있으며 2000년 이후 오존층은 10년마다 3%씩 회복하고 있다고 한다. 프레온 가스의 수명은 50~100년으로 길어서 금세 대기 속에서 사라지지 않는다. 하지만 북반구 및 중위층 오존은 2030년까지 완전회복할 기미를 보인다. 그리고 2050년쯤이면 남반구, 2060년에는 극지로 이어지면서 다시 지구를 둥글게 푹 감쌀 것으로 추정한다. 인류가 앞으로 지구환경에 해를 끼치는 짓을 더는 하지 않으면 2060년 무렵이면 오존층이 부활할 것이다.

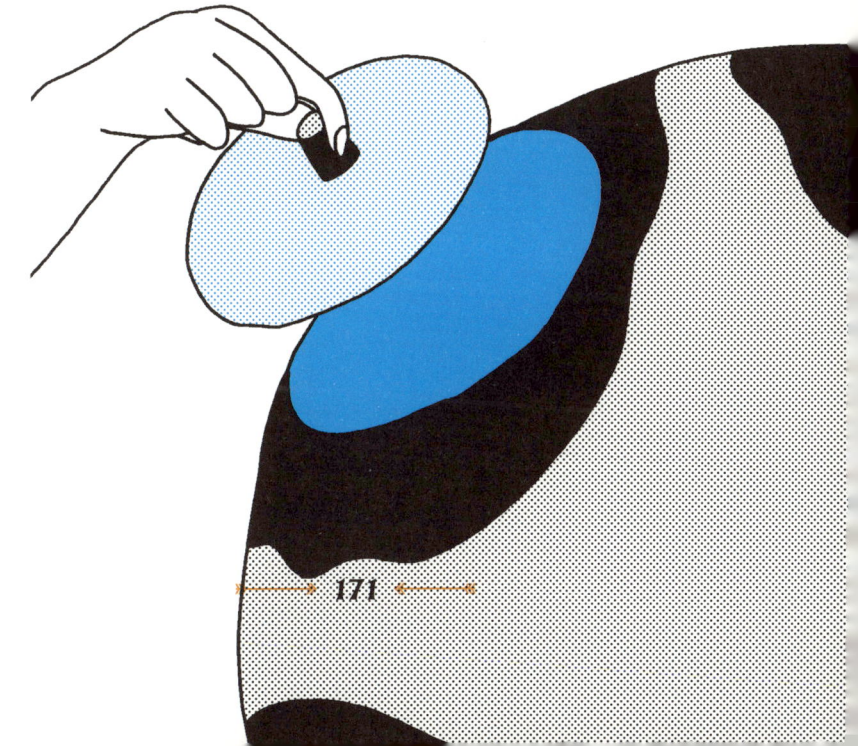

9. 암흑 물질(DARK MATTER)이 측정에 방해되지만, 우리 은하의 총중량이 판명되었다!

'은하계의 중량을 측정한다'는 장대한 실험은 수십년 전부터 있었다. 얼마 전만 해도 대략의 값만 정해졌지 정확한 중량은 알 길이 없었다. 계측이 곤란한 이유는 은하의 90%를 차지하는 암흑 물질 때문이었다. 암흑 물질이란 무게는 있지만, 검출 불가능한 가설의 물질이다. 보이지 않는 것을 정확히 측정할 수 없어서 우리 은하의 질량도 애매했다. 하지만 유럽 남천 천문대(European Southern Observatory, ESO) 연구팀은 은하 원반부에서 멀리 떨어져 은하 중심의 주위를 도는 '구상성단'에 주목함으로써 계측에 성공했다. 위치 천문위성인 '가이아'(Gaia)가 포착한 65,000광년 떨어진 구상성

궁금증 메모
우리 은하의 반경은 52,850광년이라고 추정된다.

단 34개와 허블 우주망원경이 포착한 13만 광년 떨어진 구상성단 12개의 속도 데이터로부터 우리 은하의 질량을 구하려고 시도했다. 은하의 질량이 클수록 중력이 커지기 때문에 성단 이동속도는 빨라진다. 지금까지 관측으로는 성단이 지구에서 떨어지거나, 근접하는 속도를 얻는 정도였지만, ESO 연구팀은 성단의 가로 방향으로 움직임을 계측하는 데 성공, 모든 데이터를 종합해서 얻은, 보다 신뢰도가 높은 속도로부터 그 속도를 창출하는데 필요한 은하의 질량을 계산했다.

측정 결과, 우리 은하의 총중량은 태양질량의 1.5조 배라는 값이 나왔다. 하지만 우리 은하를 빛나게 하는 태양 등 2,000억 개의 항성과 은하 중심에 있는 어마어마한 질량의 블랙홀 질량을 합쳐도 실제로는 우리 은하 전체 질량의 불과 몇 %에 지나지 않는다. 의외로 대부분을 차지하는 것은 눈에 보이지 않는 암흑 물질이다. 은하의 대부분을 구성하는 암흑 물질의 정체는 대체 뭘까.

10. 지구 9개가 쏙 들어가는 토성 고리는 앞으로 1억 년이면 사라진다.

토성을 생각하면 제일 먼저 떠오르는 이미지가 토성을 둘러싼 고리.

그 커다란 고리는 혜성이나 위성 충돌로 인해 형성되었다고 추정되는데, 지구 아홉 개가 그 안에 쏙 들어갈 만큼 폭이 광활하다. 그런데 최신 연구에 따르면 토성 고리가 앞으로 1억 년이면 사라진다고 한다. NASA 연구팀이 지금은 임무를 완수하고 폐기된 토성 탐사선 '카시니'의 관측 데이터를 분석한 결과, 주로

궁금증 메모

토성 탐사선 카시니는 토성 궤도에 진입, 2017년 9월15일까지 임무를 완수했다.

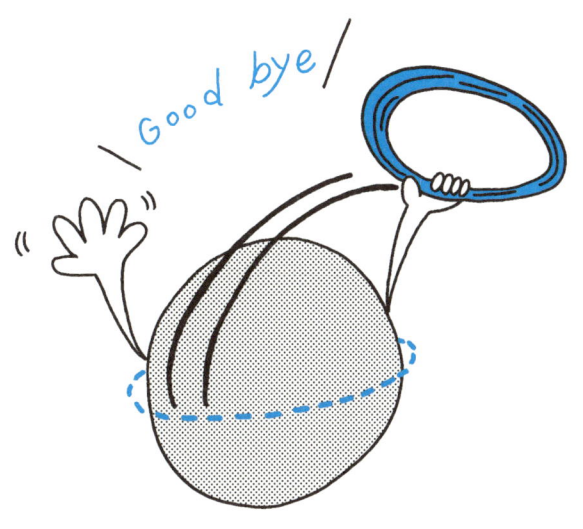

물과 얼음으로 구성된 토성 고리가 토성 중력으로 인해 계속 분해되고 있다는 사실을 밝혀냈다. 고리는 싸라기눈처럼 토성 전체에 흩뿌려져 내리고 그 싸라기눈은 30분이면 올림픽 경기용 수영장에 가득 찰 만큼의 양에 상당하다는 것이다. 싸라기눈에 의해 소실한 만큼만 계산하면 고리는 앞으로 3억 년의 수명이지만,

여기에 고리로부터 토성의 적도에 뿌려지는 물질을 측정한 값을 합쳤더니 고리의 수명이 1억 년이라고 판명되었다.

 1억 년은 까마득한 시간이지만, 토성이 탄생하고 지금까지 약 40억 년이 흘렀으니까 토성 입장에서는 길지않은 시간이다. 연구팀은 토성 고리가 형성되고 나서 아직 1억 년이 지나지 않아서 현재로서는 '중년기'에 해당한다고 말한다. 그렇다면 토성 고리의 수명은 40억 년이라는 긴 시간 중에 2억 년이라는 짧은 시간만 존재하는 셈이다. 40억 년 토성의 역사 중 겨우 5%의 순간을 우리 인류는 바라보고 있다.

11. 지구에서 가장 먼 우주를 비행하는
골든 레코드

인류는 광활한 우주 어디까지 도달할 수 있을까?

여기서는 지구에서 가장 먼 장소를 현재진행형으로 비행하고 있는 '보이저'호라는 무인 탐사선의 이야기를 해 볼까한다.

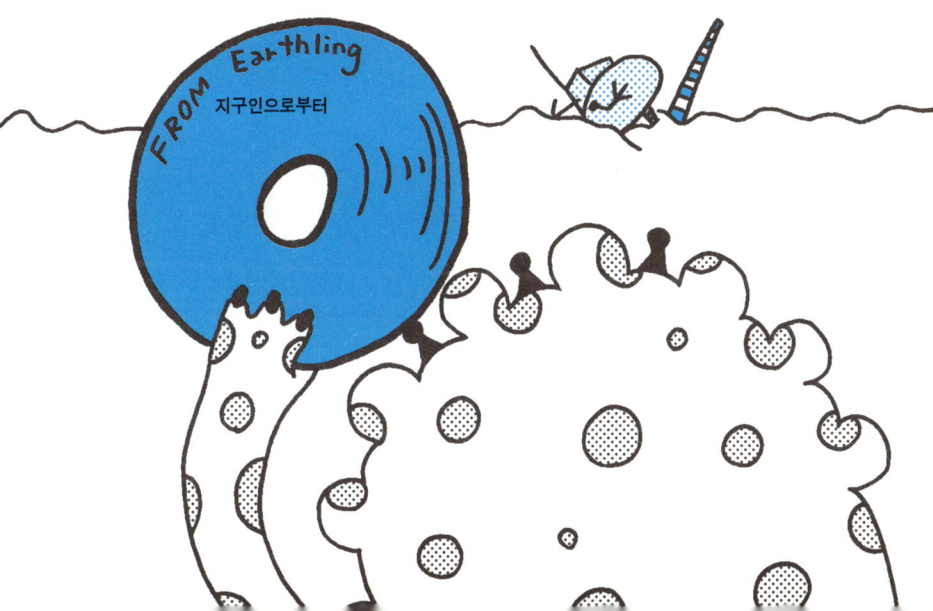

보이저 탐사선에는 1호와 2호가 있는데, 1호는 1977년 9월 5일, 2호는 1977년 8월 20일에 발사되었다. 1호가 2호보다 늦은 이유는 원래는 같은 날 발사 예정이었지만 시스템 불량으로 발사가 16일간 연기되었기 때문이다. 보이저 탐사선은 목성, 토성, 천왕성, 해왕성의 선명한 사진 촬영에 성공했고 새로운 위성도 발견했다. 그 후 우주 심연 속으로 다시 돌아오지 못할 여행을 떠났다. 2018년 11월 5일 현재, 보이저 2호는 태양권을 벗어나 성간 공간 (Interstellar Space, 우주 공간에서 별이 없는 부분)을 비행하고 있다. 보이저 1호도 2012년 현재, 성간 공간에 진출했다.

또한, 우리의 로망을 끓어오르게 하는 '어떤 것'이 보이저호에 탑재되어 있다. 바로 '골든 레코드'라고 부르는 지구외생명체를 위한 메시지다. 골든 레코드에는 파도 소리, 바람 소리, 동물의 울음소리 등 지구상의 다양한 소리와 55종의 언어로 된 인사말도 수록되어 있다. 당시 미국 대통령이었던 지미 카터의 '우리는 언젠가 은하 문명의 일원이 되길 고대한다'는 음성도 들어있다. 보이저 1호와 2호는 태양풍이 도달하는 태양권에서 벗어났지만, 정확히는 태양권에서 벗어난 게 아니다. 태양계의 가장 바깥 부분에는 태양의 중력에 영향을 받아 표류하는 오르트 구름(Oort Cloud, 태양으로부터 약 1광년 떨어진 곳에 혜성 구름이 있다는 가설)이 있다고 추정된다. 보이저 1호, 2호 모두 오르트 구름

궁금증 메모

골든 레코드는 일반 공개되어있고, 인터넷상에서 누구라도 들을 수 있다.

의 안쪽에 도달하려면 약 300년, 바깥쪽은 약 3만 년이 걸린다고 과학자들은 추정한다. 인류가 태양계를 탈출하는데도 꽤 긴 시간이 필요하다.

12. 지금, 인류의 기술력으로는 불가능하지만… 꿈같은 '다이슨 구'

지구에서 가장 가까운 항성인 '태양'은 막대한 에너지를 쏟아내는 존재다. 항성으로서 그리 크지는 않지만, 원자력발전소의 10경(京, 10의 16제곱)배, 1초 동안 핵폭탄 1조 배의 에너지를 방출한다고 추정한다. 인류를 포함한 지구상의 생명체가 이용하는 에너지는 지열이나 원자력 등을 제외하면 거의 지구에 쏟아지는 태양 에너지다. 화력발전에 사용되는 화석연료도 과거 태양 에너지의 산물이다. 태양은 전방위적으로 에너지를 계속해서 방출하지만 지구에 오는 것은 그중 얼마 되지 않는다. 게다가 인류가 이용할 수 있는 양은 더욱 적다. 그러한 항성에서 효율적으로 에너지를 획득하기 위해 항성 전체를 발전기로 빙 둘러싸게 해서 에너지를 흡수한다는 가설상의 구조물이 '다이슨 구'(Dyson Sphere)다. 다이슨 구가 실현되면 그야말로 꿈같은 발전방식이지만, 현재 인류가 가진 기술력으로는 불가능한 이야기다. 하지만 광활한 우주 어딘가에는 지구 인류를 훨씬 능가하는 기술을 지닌 지적생명체가 존재해 다이슨 구를 실현했을 가능성도 있다. 한때는 지구에서 1,480광년 떨어진 'KIC 8462852'라는 항성에서 불규칙한 빛의 감광(대기에 의해

궁금증 메모

'다이슨 구'라는 이름은 미국의 우주 물리학자 프리먼 다이슨이 제창한 이론에서 비롯되었다.

별이나 태양광이 흡수되는 현상)이 확인되면서, 다이슨 구의 가설이 의심받았던 적도 있었지만, 별도의 가설로 부정되었다. 미래에는 별들이 무한히 존재하는 우주 어딘가에 다이슨 구가 발견될지도 모른다.

혹은 인류가 개발할지도.

13. 존재 자체가 암흑이라서....
암흑 물질, 암흑 에너지

　암흑 물질과 암흑 에너지는 우주의 화제에 자주 등장한다. 대체 무엇일까.

　아직도 모르는 상태다. 암흑 물질(dark matter)은 우주 곳곳에 덩어리로 산재하고, 보이지 않는데도 중력을 가진 물질이다. 한편 암흑 에너지(dark energy)는 우주 전체에 균등하게 분포되어 있고 우주가 팽창하는 속도를 더 빠르게 해 주는 힘을 갖고 있다. 이 두 가지가 우주 전체

궁금증 메모
중력렌즈효과를 이용해 먼 거리의 천체 관측이 이루어지기도 한다.

의 무려 95%를 차지한다. 하지만 그 정체는 여전히 미지수다.

눈에 보이지 않는 중력을 가진 어떤 존재는 80년 이상 전부터 알려져 있었다. 은하단에 있는 은하의 움직임을 관측하면, 서로의 중력뿐 아니라 다른 중력의 영향도 받는다는 게 보였기 때문이다. 그래서 이 중력을 미치는 물질을 암흑 물질로 부르게 되었다. 그 후 암흑 물질의 중력 영향으로 아주 먼 천체에서 나온 빛이 중간에 있는 거대한 천체로 인해 휘어져 보이는 현상인 '중력렌즈효과'(gravitational lensing)가 발견되었다. 또한, 이 현상을 많이 발견하게 되면서 암흑 물질이 우주에 어떻게 분포되어 있는지에 대한 지도 제작도 활발하다. 한편, 암흑 물질의 등장은 비교적 최근인 1998년이다.

먼 곳의 초신성이 지금까지의 이론에 의해 예상 속도보다 더 빨리 멀어진다는 사실이 발견되면서 우주의 팽창속도가 점점 더 빨라지는 것을 알게 되었다. 이전의 우주론에서는 우주 전체의 중력으로 인해 브레이크가 걸려서 팽창속도가 늦어진다고 여겨졌다. 그래서 중력을 억누르고 가속하면서 우주를 팽창시키는 이 알 수 없는 힘을 암흑 에너지라고 부르게 되었다. 우주의 팽창속도를 관측함으로써 암흑 에너지가 시간과 더불어 변화하는지 여부 등, 그 성질을 탐색하는 시도는 계속되고 있다.

14. 절대로 안으로 들여보내 주지 않는 '화이트홀' 우주에 있을까?

　빛을 한 오라기도 남기지 않고 빨아들이는 블랙홀이 있다면, 반대로 모든 것을 뱉어내는 화이트홀(White Hole)이 우주 어딘가에 있을지도 모른다는 이야기를 해 보겠다.
　개념으로서 블랙홀의 지평선이 광속조차 벗어나지 못하는 경계에 있다면, 개념으로서 화

> **궁금증 메모**
> 화이트홀 개념을 이용한 연구는 1970년대부터 시작되었다.

이트홀의 지평선은 그 어떤 것도 그 안에 들어가지 못하는 경계다. 블랙홀에서 벗어나지도 못하지만, 화이트홀에 들어가지도 못한다. 현시점에서 우주에서 화이트홀이 발견되지는 않았고, 오직 가설상의 존재이다. 화이트홀에 대해서는 주로 두 가지 가설이 논의된다. 첫째,

화이트홀이 별도 차원의 블랙홀과 연결되었다는 가설이다. 일반적인 물리학에 따르면 블랙홀에 빨려 들어간 물질이나 정보는 흔적도 없이 사라진다고 여겨졌다. 하지만 양자역학의 관점에서는 '정보가 사라지지도 않는다면 만들어질 수도 없다'는 개념 아래 정보는 보존되어야만 한다. 여기서 모순이 발생하면서 빨려 들어간 것이 어디론가 빠져나오지 않을까라는 가설이 세워졌다. 둘째, 블랙홀의 탄생과 더불어 출현한 화이트홀이 우리 우주의 탄생이 아닐까라는 가설이다. 즉, 별도의 우주에서 흡수된 물질이 우리 우주를 만들었다는 것이다. 만일 우리 우주에서 화이트홀이 발견되면, 인류 최대의 이벤트가 될 게 분명하다.

15. 달의 지하에 있는 이상한 중력의 원천 초거대 금속 덩어리는 우주기지?

자전과 공전 관계로 지구에서는 달 뒷면을 볼 수 없다. 그래서 옛날부터 달 뒷면에는 우주인의 기지가 있다는 황당무계한 전설이 이어져 왔다. 하지만 과학기술이 발전하고 달의 뒷면에 관한 탐사가 진행되면서 우주인의 기지가 있다는 전설도 아예 부정할 수 없는 발견이 있었다. 2019년 6월, NASA가 측정한 달의 중력분포를 베일러대학 연구팀이 분석했더니 달 충돌구(crater) 지하 깊은 곳에 이상한 중력의 원천이 있음을 밝혀냈다. 상세한 분석을 해 본 결과, 연구팀은 충돌구의 지하에 적어도

2,000조 톤 이상의 물질을 가진 초거대 물체가 존재할 가능성이 높다고 발표했다. 발견된 장소는 남극 에이트켄 분지(South Pole-Aitken basin, 달 남극에 있는 분지)에서 달 표면의 4분의 1을 차지하는 초거대 충돌구였다. 남극 에이트켄 분지의 이상한 중력에서 그 중력의 원천을 추측해봤더니, 지하 약 300킬로미터에 수백 킬로미터 크기의 금속이 매몰되어있다는 계산이 나왔다고 한다. 또한, 그 질량은 적어도 2,180조 톤이라고 추정되었다. 이는 하와이섬 5배 크기의 금속 덩어리가 묻혀있다는 말이 된다. 연구팀에 따르면 이 거대한 금속 덩어리의 정체는 달 내부에 있는 마그마가 결정화되어서

궁금증 메모
현재, 달 뒷면에 탐사선을 착륙시킨 나라는 중국뿐.

산화했거나 혹은 약 40억 년 전에 달에 충돌한 소행성 잔해일 가능성도 점쳐지고 있다. 유감스럽게도 지구외생명체의 기지는 아닌 것 같다. 하지만 이 정도의 금속 덩어리가 달 뒷면에 파묻혀있다는 것만으로도 지구인으로서는 두근거리지 않을 수 없다.

16. 과거로는 가지 못해도 미래로 가는 시간 여행은 가능할지도

　타임머신을 타고 미래로 가서 자신의 앞날을 보거나, 과거로 돌아가 자신의 어두운 기억을 지울 수 있다면 얼마나 좋을까.
　현실은 공상의 세계와는 달리 과거로 돌아갈 수 없다. 하지만, 혹시 미래로 갈 수 있을지도 모른다는 이야기를 해볼까 한다.
　천재 물리학자인 아인슈타인의 특수상대성 이론에 따르면 '모든 물질은 빛보다 빨리 이동할 수 없다. 물질은 광속에 가까워질수록 질량이 증가, 시간의 흐름이 늦어진다'고 한다.
　미래로 가는 시간 여행은 의외로 간단하다.

빨리 움직일수록 이동하는 공간의 시간 흐름이 늦어져서 미래로 갈 수 있다. 신칸센을 타고 오사카에서 도쿄까지 이동하면, 그 속도로 계산하자면 극히 미미하지만, 미래로 가는 시

궁금증 메모

신칸센(일본의 초고속열차)을 타고 도쿄에서 하카다까지 1,200킬로미터를 이동하면, 10억분의 1초만큼 미래로 가는 것이다.

간 여행을 하는 셈이다. 한편, 시간을 거슬러 올라가는 과거로의 시간 여행은 전혀 밝혀진 게 없다. 수십, 수백 년 후에는 과거뿐 아니라 미래로 갈 수 있는 타임머신이 개발될지도 모른다. 하지만 타임머신이 미래에 개발되었다면, 왜 우리는 미래인을 만날 수 없는 걸까....

17. 하와이에 오로라가 나타날 때, 전기에 많이 의지하는 문명은 파괴된다.

지구상에서 오로라를 관측할 수 있는 장소는 지구자기 위도로 따져 65~70도의 도넛 모양 지대로 '오로라대'(auroral zone)라고 불린다. 주요한 관측점은 알래스카, 캐나다, 북유럽 등 고위도지역에 많다. 하지만 1859년 오로라가 저위도지역인 하와이에서 관측된 적이 있다. 이때, 세계 곳곳에서 오로라가 관측되었고 로키산맥에서는 그 밝기를

혼동해서 탄광에서 일하는 남자가 아침 식사를 서둘러 준비했다는 일화도 전해진다. 오로라는 태양에서 방출하는 고속의 플라스마 입자가 지구자기장과 부딪쳐 자기권을 흔들어 놓으면서 발생한다. 하와이에서 관측되었다는 것은 일반적으로 남극이나 북극 부근에 머물러 있어야 할 플라스마 입자가 적도 부근까지 왔다는 뜻으로 비상사태에 해당한다. 적도 부근까지 오로라가 나타날 만큼 플라스마 입자가 지구에 도달하면 지구 대기에 커다란 영향을 끼칠 수 있다. 전기가 연결되지 않은 TV라도 공기 중의 전기로 인해 전류가 흐르게 된다. 불에 타서 연기가 나올 정도면 그나마 다행이지만, 심하면 폭발할지도 모른다. 인공위성도 꽤 영향을 받기에 GPS는 작동하지 못할 것이다. 그러면 항공기도 레이더에서 사라지고 최악의 경우 추락하게 된다. 그러면 인명 피해가 상상을 초월하기에 대규모의 태양 표면폭발(flare)이 예상되는 순간, 전 세계의 모든 항공기를 착륙시킬 필요가 있다. 1859년, 하와이에서 오로라가 관측되었을 때, 당시는 유선으로 전신을 주고받은 지 얼마 되지 않은 시기라서 지금처럼 전기를 많이 사용하지 않아 다행히 큰 영향은 없었다고 한다. 그런데 만일 그때의 상황이 지금 재현되면, 전기에 많이 의존하는 우리의 문명은 파괴된다. 그러면 2,000년 전의 생활로 돌아갈 수도 있다.

궁금증 메모

태양 폭발이 발생하고, 플라스마 입자가 지구에 도달하려면 2~3일 걸린다.

편도로 여행한, 우주에서 죽은 개 이야기 ❸

11월 3일, 발사 시기가 얼마 안 남았을 때, 연구소 한 직원이 밀폐 캡슐의 압력을 '고의로' 바꾸었다. 직원들은 코를료프에게 압력 값이 잘못 세팅되었다며 한 번 더 캡슐을 열어 압력 조정을 하게 해달라고 부탁했다. 혹여 실수하면 발사 자체가 연기될 수도 있었다. 사실, 고의로 압력 값을 바꾼 이유는 따로 있었다. 그들은 로켓의 앞부분에 올라갔다. 캡슐에는 나사가 조인 에어홀이 있는데, 그들은 엔지니어에게 열어달라고 부탁했다. 기술적인 조치를 할 모양이라고 생각한 엔지니어는 에어홀을 조금 열어주었다. 직원들은 '마지막 물'을 라이카에게 주고 싶었다. 라이카는 사흘 전에 캡슐에 갇힌 후, 젤리 한 조각밖에 먹지 못했다.
'라이카는 이제 살아서 돌아올 수 없다…'
하다못해 물 한 모금이라도 마지막으로 마시게 해 주고 싶었다. 코를료프에게 들켰다간 큰일이 난다. 직원들은 주사기에 물을 채운 후, 주사기 구멍으로 먹이 접시에 물을 흘려보냈다. 에어홀은 다시 닫혔고, 그 위에 보호캡이 씌워졌다.
11월 3일 오전 4시 28분, 라이카는 강렬한 폭발음과 함께 귀환 예정이 전혀 없는 우주여행을 떠났다. 로켓은 4기의 강철제 페달에 매달려 있다. 로켓이 추진력을 얻었다. 그 힘은 순식간에 중력을 떨쳐버리고 페달을 일제히 열어젖혔다. 라이카에는 최대 5G의 중력이 걸려있다. 맥박은 평상시의 3배 가까운 260까지 육박했다. 이 모두는 예상한 것이었다. 이윽고 로켓은 궤도 진입에 성공했다.

"살아 있어요! 성공입니다!"

마침내 생물이 살아 있는 상태에서 우주 비행을 시작한 것이다. 세계는 다시 소련을 주목했고, 우주에서 눈을 떼지 못했다. 지금부터는 '1,600킬로미터 상공에서 1주간의 임무를 완성한 라이카에 계획대로 마지막에 독이 혼입된 먹이를 먹여 안락사시키는 것'이었다. 그리고 45년 동안 사람들은 그렇게 믿었다. 하지만 실상은 그렇지 않았다. 지구를 한 바퀴 돌고 난 후 라이카의 생체반응을 확인했다. 모두 정상이었다. 장시간의 미미한 중력 현상에도 생물이 문제없이 견뎌낼 수 있음이 증명되었다. 캡슐 내부의 산소는 충분했고, 공기가 새지 않는지 밀폐 상태도 확인했다. 관계자들은 이대로 정상 비행을 할 수 있을 거라 여겼다. 문제가 발생한 것은 지구를 세 바퀴 돌 때쯤이었다.

캡슐 내부의 온도가 갑자기 상승하면서 40도까지 치솟았다. 센서 측정값으로 미루어볼 때 패닉 상태에 빠진 라이카가 심하게 몸부림치고 있다는 것을 짐작할 수 있었다. 하지만 문제가 발생한 장소는 우주. 지상의 인간이 어떻게 해 볼 수가 없는 노릇이었다. 고통스러워하는 라이카를 죽게 내버려 두는 수밖에 없었다. 한 시간 삼십 분이 흘렀다. 스푸트니크 2호가 보내온 데이터에는 이미 라이카의 생체반응이 기록되지 않았다. 라이카는 발사 후 불과 6시간 만에 죽었다.

그로부터 5개월 후, 1958년 4월 14일, 미국 동해안과 카리브해에 걸쳐 한 줄기 유성이 목격되었다. 밤하늘에 빛나는 어떤 별보다 밝았고, 허무하게 사라졌다. 라이카를 태운 스푸트니크 2호의 최후 모습이었다.

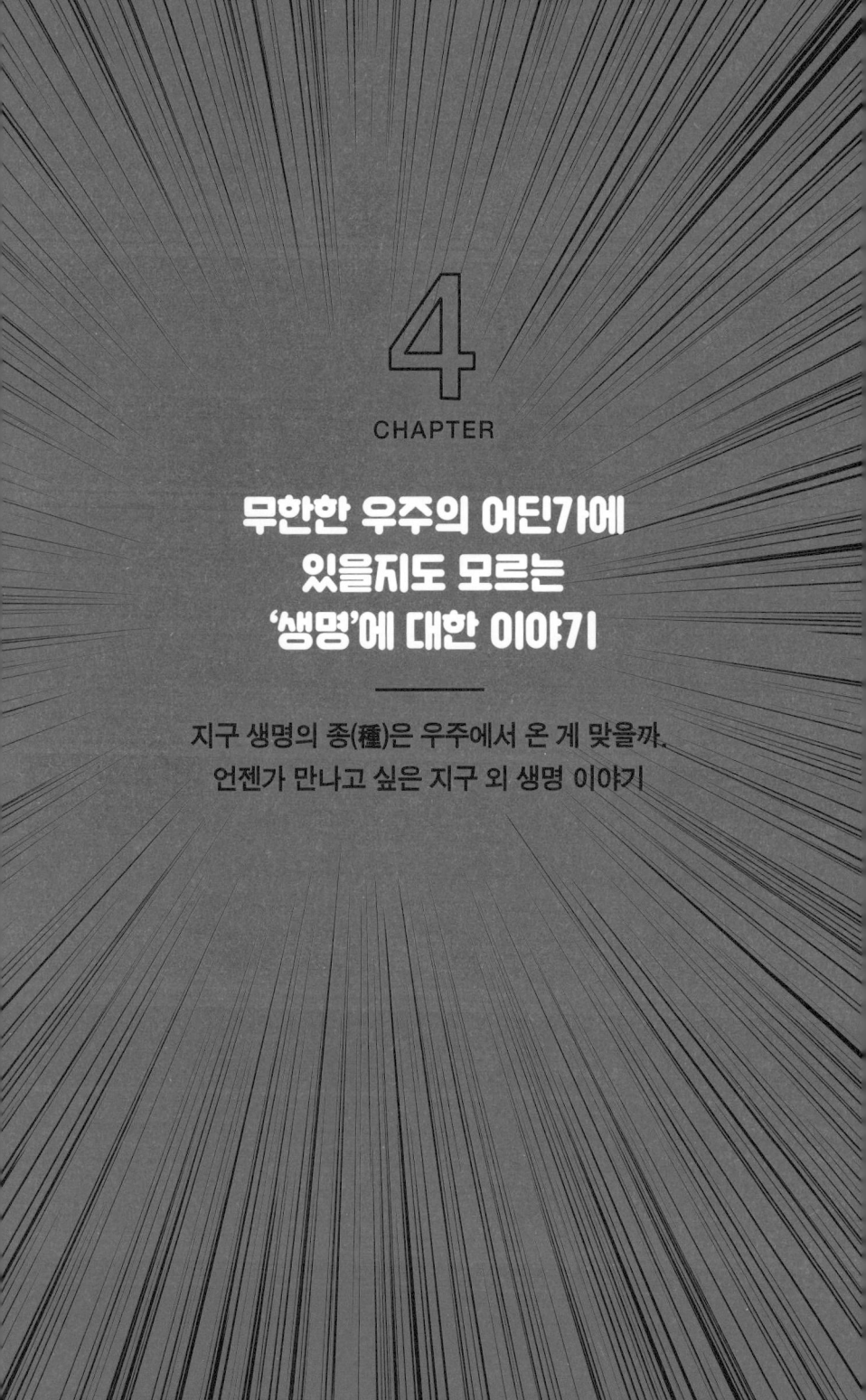

1. 생명 활동은 어떤 시대이든 변함없다
4.2만 년 동안 얼어 붙어있던 벌레가 부활했다!

광활한 우주에는 그만큼 다양한 생물이 있을 것이다.

우리가 사는 지구에도 상식을 넘어선 생명이 존재한다. 러시아 모스크바대학과 미국 프린스턴대학 등의 연구팀이 북극권의 연대와 장소가 다른 동토 샘플을 300종 이상 채취해, 모스크바의 연구소에서 조사한 적이 있다. 그 결과, 러시아 북동부에서 채취한 샘플에서 두 가지 속(屬)의 유충을 발견했다. 이 유충을 배양액에 담가서 샬레(뚜껑이 달린 얇고 둥근 실험용 유리 접시)로 옮긴 후 20도 정도의 기온에서 몇 주간 방치, 관찰했더니 서서히 생명 활동을 재개하기 시작했다. 두 마리 유충 중에서 한 마리는 약 32,000년 전에 살아 있던 개체였고, 다른 한 마리는 41,700년 전의 개체였다. 두 마리 모두 암컷이라고 추정되었다. 약 3~4만 년 만에 부활한 것만으로도 눈부실 일이지만, 두 마리 모두 먹이를 먹는 등 본디의 활동도 재개했다. 기후 이상으로 인해 지구에서 영원히 얼어붙은 땅(영구 동토)이라고 여겼던 장소가 녹고 있다. 앞으로도 이 두 마리의 유충과 마찬가지로 영원히 얼어붙은 땅에 잠들어 있는 고대 생물들이 현대에 부활할 수도 있다.

궁금증 메모

수만 년 동안이나 DNA의 산화를 방지할 수 있는 선충의 메커니즘을 연구하면, 사람이나 동물의 냉동보존기술이 비약할지도.

2014년 3월에는 영국의 남극연구소 연구팀이 남극 시그니(signy) 섬 동토에 묻혀있던 이끼 식물을 재생하는 데 성공했다. 이 이끼 식물은 1533년~1697년 전에 살았던 것으로 추정된다. 만일 영구 동토에 잠들어 있는 태고 시대의 병원균이라도 부활한다면, 인류를 비롯한 지구 생물에 좋든 나쁘든 막대한 영향을 끼칠지도.

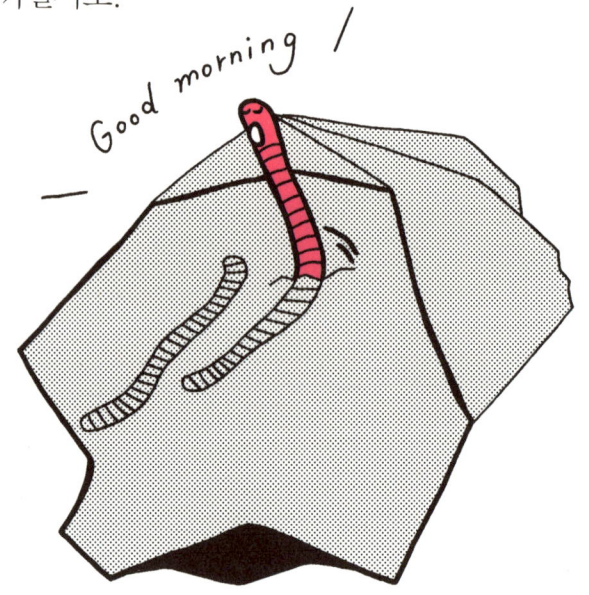

2. 가혹한 환경의 지하 세계
거대한 생물권이 존재

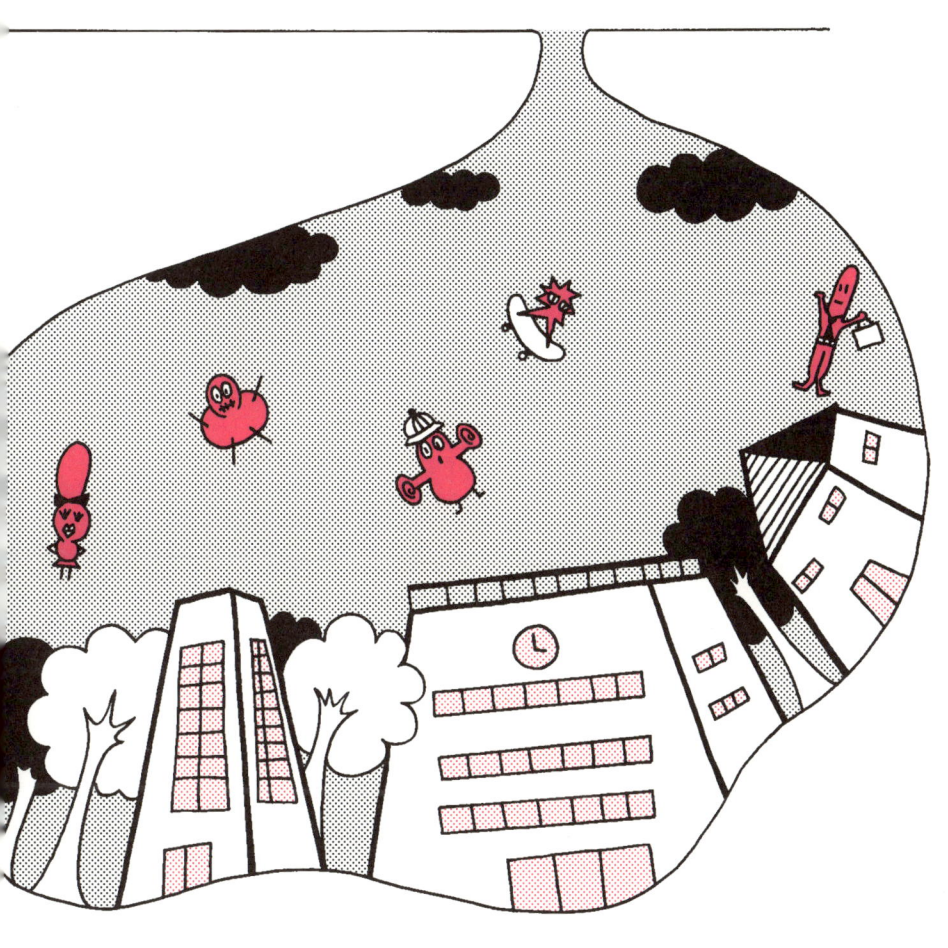

지구의 지하를 깊이, 또 깊이 파고 들어갈수록 온도, 압력이 높아져서 어떤 생명도 살아갈 수 없을 것처럼 생각된다. 하지만 지구의 지하 깊숙한 곳에 지표와는 별도의 미생물들이 있는 거대한 생물권이 발견되었다. 세계 52개국의 1,000명 이상 연구자로 구성된 글로벌 커뮤니티 '심부탄소관측소 DCO'의 연구팀은 '지구의 깊숙한 지하에 얼마나 생명이 존재할까'라는 의문을 갖고 10년 동안 조사를 했다. 그 결과, 지하 생물권의 크기는 지구 바다의 약 2배에 해당하는 20억 세제곱킬로미터에서 23억 세제곱킬로미터로 탄소 중량으로 환산하면 150억~230억 톤이라는 걸 밝혀냈다. 이는 탄소 환산량으로 따지면 지상에 있는 75억 명 인구의 연간 탄소량 약 9배에 버금가는 생명체가 지하에서 끓는 물보다 더 높은 온도와 상당한 압력에도 불구하고 살아가고 있다는 것이다.

빛이 일절 들어오지 않고, 에너지를 얻기에도 혹독한 상황인데도 지중(地中)의 생태계는 독자적인 진화를 이루어냈고, 수백만 년에 걸쳐 면면히 이어져 오고 있다. 즉, 화성처럼 가혹한 암석 행성이라도 지하 깊숙한 곳에는 많은 미생물이 번창할 가능성이 있다는 뜻이다.

궁금증 메모

최고로 높은 온도에서도 살아갈 수 있는 단세포생물은 심해의 열수분출공에 사는 고세균인 'Strain 116'. 섭씨 122도에서도 성장과 번식이 가능

3. 우주인과 뜻하지 않게 만났을 때, 국제기관이 정한 매뉴얼이 있다.

지구 이외의 별에 생명체가 있을까. 분명히 존재한다고 생각한다.

우주에는 지구와 마찬가지로 환경, 생명이 탄생할 수 있는 조건을 갖춘 별이 반드시 있기 때문이다. 적어도 미생물 정도가 발견되는 것은 시간문제다. 앞으로 10~20년 안에 반드시 발견될 것이다. 하지만 고도로 발달한 지구외 지적생명체에 관해서는 이야기가 달라진다. 지적생명체는 인류처럼 과학기술을 발전시켜 문명을 통제하는 존재다. 많은 장벽을 넘지 않으면 도달할 수 없는 영역이다. 만일 우주인이 존재해서 지구인과 접촉한다면 어떻게 대처할까. 가령, 지구외지적생명체로부터 메시지를 수신한다면, 아무렇게나 답신해서는 안 된다는 규정이 있다. '국제우주항행 아카데미 지구외지적생명탐사 상임위원회'라는 긴 이름의 지구외생명체를 찾는 것을 목적으로 설립한 이 국제기관은 '신호(시그널)가 검출되고, 그것이 진짜로 밝혀진 경우, 세계적으로 정보를 공유하고 합의가 형성될 때까지 답신해서는 안 된다'고 규정하고 있다. 또한, UN이 규정한 우주조약에서는 우주인과 뜻밖에 만난 경우, 당사국 또는 UN 사무총장에게 보고해야 한다

궁금증 메모

우주조약에 125개국 이상이 서명 혹은 비준하고 있다.

고 명시되어 있다. 우리 모두 우주인과 뜻밖에 만난다면 혼자만의 비밀로 삼지 않도록.

4. 우주인과 만날 수 없는 까닭은
지구는 우주인이 감시하는 동물원이라서?

우주에는 4,000해(10의 20제곱) 개 이상의 별이 있는데 왜 우주인은 보이지 않을까?

　머리가 이상해질 만큼 광활한 우주에 지구인만 있다는 상황은 도무지 이해가 되질 않는다. 우주인과 만날 수 없는 까닭은 혹여 그들이 의도적으로 자신의 존재를 숨기기 때문일지도. 1973년, 미국 하버드대학의 연구자가 발표한 '동물원 가설'(The Zoo Hypothesis)이라는 논문에 따르면, 우주인 입장에서 지구는 동물원처럼 관찰대상에 불과하다는 것이다. 가령, 우리 인류는 '개미'와 지구 환경 개선에 관한 대화를 나누려고 생각할까, 결코 아니다. 인간과 개미는 지능의 차이가 너무 많이 나서 대화

궁금증 메모
만일, 이 이론으로 시간 여행이 가능하다면 왜 미래로부터의 여행자가 존재하지 않을까, 라는 주장에 반론할 수 있다.

가 불가능하다. 그러니 우주인과 인간 사이의 지능이 그만큼 차이가 난다면, 우주인은 지구인의 존재를 이미 알고 있지만, 함부로 간섭하지 않으려고 자신의 존재를 숨기면서 지속적인 관찰만 할지도 모른다. 혹은 고도로 발달한 우주인들의 합의에 따라 지구가 보호구역으로 지정되었을 가능성도 있다. 지구의 역사는 46억 년으로 꽤 오래되었지만, 인류가 본격적으로 우주인을 찾아 나선 지는 100년 정도밖에 지나지 않았다. 그러니 우주인을 발견하려면 조금 더 참을성 있게 관측을 계속할 필요가 있을지도.

5. 우주인으로부터의 메시지?
미지의 고속전파폭발

우주에서 온 신호를 포착하려고 세계 곳곳에서는 늘 전파망원경에 의한 관측이 계속되

고 있다. 수억 광년 떨어진 별에 사는 지적 생명체에게서 온 메시지가 도착할지도 모른다는 가느다란 기대감으로 전파를 줄곧 주시하는 천문학자들도 있다. 우주인에게서 메시지가 올 리가 없다고 생각할지 모르지만, 지금까지 인류는 몇 번이고 미지의 전파를 포착한 경험이 있다. 우주의 어떤 방향에서 돌발적으로 전파가 방사되는 '고속전자폭발'이라는 현상이 있다. 계속되는 시간은 불과 몇 밀리초(밀리초는 1,000분의 1초)로 우주의 모든 방향과 각도에서 발생한다. 태양이 80년 걸려서 방출하는 막강한 에너지와 마찬가지의 양이 단 한 번의 고속전파폭발로 방사된 것을 확인한 적도 있

궁금증 메모

왜소은하는 수십억 개 이하의 항성으로 구성되는 작은 은하

다. 이처럼 원인이 밝혀지지 않은 현상은 중성자별에 의한 것, 우주인으로부터의 메시지처럼 여러 가지 가설이 존재한다. 처음에 화제가 된 것은 10년쯤 전으로, 우주에서 검출된 전파라고 믿지 않는 사람들이 많았다. 하지만 2016년에 푸에르토리코의 알레시보 천문대에서 관측한 천문학자 팀이 'FRB 121102'라는 전파폭발이 반복해서 전파를 방사하고 있다는 것을 발견했다. 다른 전파폭발과는 달리, 'FRB 121102'의 전파폭발은 끝나지 않았고, 과학자들은 2017년에 그것이 약 30억 광년 떨어진 곳의 왜소은하(dwarf galaxy)에서 온다는 사실을 밝혀냈다. 발생 장소를 알면 고속전파폭발의 기원까지 다다를 가능성도 높아진다. 지금 가장 유력한 가설로는 강한 자장을 가지고 갓 태어난 중성자별에 의한 것이라고 한다. 하지만 그 기원이 하나이지 않을 가능성도 높고, 혹은 우주인이 보낸 뭔가의 신호일 가능성도 아주 없지는 않다.

6. 2023년 이후, 반드시 뉴스에 등장한다.
유로파의 바다에 생명체가 존재!

지구 이외의 곳에서 생명체를 발견한 날은 언제쯤 될까. 아마 태양계의 어떤 별 탐사에 성공할 때쯤일 것이다. 그 별은 바로 목성의 제2 위성인 '유로파'(Europa) 만일 이곳에 생명체가 없다면 지구 외 생명의 발견은 절망적이라고 말해도 좋을 만큼 기대가 되는 별이다. 유로파는 달보다 조금 작은 크기로 두꺼운 얼음으로 쌓여있는 별.

궁금증 메모

'시보글리니대과'는 심해의 열수분출공에 서식하는 생물. 입과 소화기관, 항문 등이 없는 불가사의한 생물.

하지만 두꺼운 얼음의 밑에는 액체로 된 물이 흐르는 바다가 있다. 우주생물학의 세계에서는 생명이 탄생하려면 '세 가지 조건'을 갖출 필요가 있다.

1. 유기물의 존재
2. 유기물을 반응시키는 장(場)으로서 액체의 존재
3. 생명 활동 유지를 위한 에너지원 존재

위 세 가지 조건이 갖춰진 별에는 생명이 탄생할 가능성이 있다고 여겨진다.

태곳적 지구도 이 세 가지 조건이 갖추어져 있었다. 그리고 유로파도 이 세 가지 조건을 충족시킨다. 유로파는 얼음에 뒤덮여있지만 갈라진 틈이 여러 곳 있는데 거기에서 액체가 뿜어져 나온다. 그 액체를 조사해봤더니 바다와 유기물의 존재가 확인되었다. 또한, 해저화산이 있다는 것도 거의 확실해 보인다. 유로파의 해저화산에는 열수분출공(뜨거운 물이 지하로부터 솟아 나오는 구멍)이 있고 '시보글리니대과' 같은 생물이 살고 있을지도 모른다. 유로파의 탐사계획은 착착 진행 중이다. NASA는 2023년 이후로 '유로파 클리퍼'(Europa Clipper)라고 명명한 우주 탐사선을 발사할 계획이다. 이 우주탐사선은 유로파에서 생명의 유지가 가능한지, 거주지나 식민지로 활용할 수 있을지를 조사한다. 유로파에서 생명체가 발견되었다는 뉴스를 들을 날도 머지않았다.

7. 우주에는 문명이 얼마나 존재할까를 계산할 수 있는 '드레이크 방정식'!

지구 이외에 문명이 있을까?

과연 우주인과 만날 수 있을까?

인류는 먼 옛날부터 이런 의문을 품었다. 우주인이라는 말을 들으면 초자연적 혹은 도시 전설의 이미지를 떠올리는 사람이 적지 않다. 하지만 과학적으로 우주인의 수수께끼에 도전한 미국 천문학자 프랭크 드레이크를 소개하겠다. 그는 다양한 조건의 일곱 항목 방정식을

궁금증 메모

인류가 전파를 다루는 기술을 획득한 지 100년밖에 지나지 않았다.

고안해서 우리가 사는 은하계 중에 고도의 문명을 갖춘 지적생명체의 수를 추정할 수 있는 '드레이크 방정식'을 제창했다.

> **{드레이크 방정식}**
>
> $$N = R^* \times f_p \times n_E \times f_l \times f_i \times f_c \times L$$
>
> N: 우리 은하계 속에 존재하는 지적생명체가
>   있는 행성의 수
> R^*: 우리 은하계 속에서 1년간 탄생하는
>   별(항성)의 수
> fp: 하나의 항성이 항성계를 가질 확률
>
> ne: 하나의 항성계가 가진, 생명의 존재가
>   가능한 상태의 항성 평균 수
> fl: 생명이 존재가 가능한 상태의 항성에서 생명이
>   실제로 발생할 확률
> fi: 발생한 생명이 지적인 수준까지 진화할 확률
>
> fc: 지적인 수준이 된 생명체가 성간(별과 별 사이)
>   통신이 가능한 문명을 발견할 수 있는 확률
> L: 그 기술(문명)을 유지할 수 있는 기간

위 방정식은 간단히 말해 7회 곱셈을 해서 우주인의 수를 추정하는 단순한 것이다.

드레이크가 1961년에 입력한 값은 다음과 같다.

$$N = 10 \times 0.5 \times 2 \times 1 \times 0.01 \times 0.01 \times 10,000 = 10$$

즉, 우리 은하에는 10개의 문명이 있는 별이 존재한다는 것이다. 우주에는 2조 이상의 은하가 존재한다고 추정된다. 그러니 이 숫자를 더하면 우주인이 없다고는 말할 수 없을 것이다.

8. 메커니즘은 아직 밝혀지지 않았지만, 불로불사의 능력을 갖춘 해파리

인간의 영원한 희망은 '불로불사'(不老不死)

지금, 이 시간에도 전 세계의 학자들은 늙지 않고, 죽지 않는 연구를 부지런히 하고 있다.

하지만 지구 생물 중에는 이미 불로불사의 경지에 도달한 것이 있다.

작은보호탑해파리라고 불리는 길이 수 밀리미터의 해파리가 그 주인공이다. 일반적인 해파리는 식물 같은 형태의 폴립(polyp)에서 물속을 떠도는 형태로 성장한 후, 수명이 다하면 물에 녹는다. 그런데 작은보호탑해파리는 수명이 다해가면 둥글게 되면서 세포가 변화한다. 그리고 새롭게 폴립을 만들어 젊은 몸으로 환생한다. 또한, 환생의 회수에 제한도 없다. 그래서 작은보호탑해파리는 다른 생물에 잡아먹히지 않는 이상 실제로 영원히 살 수 있다. 작은보호탑해파리는 어떻게 불로불사하는 것

궁금증 메모

작은보호탑해파리(Turritopsis nutricula)는 여러 종류가 있는데, 주류인 것은 빨강 소화기관이 투명하게 보인다.

일까. 그 메커니즘은 여전히 밝혀지지 않았다. 만일 밝혀지면 인간의 불로불사도 마냥 꿈은 아니게 될 것이다. 인간이 영원한 생명을 획득하면 우주 탐사의 폭도 한층 넓어질 것이다. SF영화처럼 몇 광년 떨어진 곳으로 유인 탐사선이 갈 수도 있다. 하지만 단점도 있다. 이주할 수 있는 별을 찾지 못하면, 지구는 인간으로 넘칠 것이다. 환경파괴도 심해지고 식량부족으로 고통받을 것이다. 그리고 식량이나 자원을 둘러싼 전쟁이나 분쟁이 수시로 일어날 것은 불을 보듯 뻔하다. 꼭 불로불사가 아니더라도 지금 지구상에는 인구폭발이 일어나고 있다. 언젠가는 화성이나 다른 별로 이주할 준비가 꼭 필요할 것이다.

9. 달 표면에 수천 마리가 살아 있을 가능성, 달에 방출된 '곰벌레'

지구에는 곰벌레(완보동물)라고 부르는 최강 생물이 존재한다.

이 생물은 길이 0.05밀리미터~1.2밀리미터로 아주 작지만 스스로 체내의 수분을 방출해서 휴면상태에 돌입함으로써 영하 200도~영상 149도의 환경에서도 살아남을 수 있다. 게다가 대량의 방사선, 고압, 진공 환경 같은 극한상황에서도 생존 가능한 지구상 가장 생존력 강한 생물이다. 그런데 이 곰벌레가 달 표면에 뿌려졌다.

2019년 4월, 이스라엘의 민간 우주단체인 'Space IL'과 민간기업인 '이스라엘 에어로스페이스 인더스트리즈'가 개발한 달 탐사기 '베레시트'(Beresheet)가 달착륙에 도전했다. 베레시트에는 타임캡슐이 탑재되어 있었는데, 그 안에는 지구에 관한 3,000만 페이지 분량의 정보가 기록된 디스크, 인간의 DNA 샘플 등이 들어있었다. 또한, 휴면상태로 만들어놓은 수천 마리의 곰벌레도 함께 들어있었다. 2019년 2월에 발사되어, 2개월 후인 4월에 달착륙을 시도했지만 실패했다. 최강의 생물을 태운 베레시트는 달 표면에 추락했다. 탐사선은 산산조각이 났고, 타임캡슐에 들어있던 휴면상

궁금증 메모

곰벌레는 지구의 다양한 환경에서 서식하는데, 길거리 이끼에도 살고 있다.

태 곰벌레가 달 표면에 뿌려졌다. 휴면상태 곰벌레를 부활시키려면 물을 끼얹어야 한다. 휴면상태인 채로 10년이 지난 곰벌레에 물을 뿌려 부활시킨 적이 있어서 10년 이내에 인류가

달에 갈 수 있다면 곰벌레를 구할 수 있을지도 모른다. 혹 달에는 얼음이 있어, 우연이 겹쳐서 곰벌레가 활동을 개시하게 되고 지구를 점령할지도…

설마 그럴 일은 없겠지만, 밤하늘에 보이는 달에 지구 생물이 있다고 생각하면,

괜히 낭만적인 기분이 든다.

10. 인류의 선조는 우주인?
지구 생명의 종은 우주에서 왔다?

지구 생명의 기원은 바닷속에서 생명이 탄생했다는 '지구기원설'이 가장 유력한 가설이다. 하지만 그밖에도 '판스페르미아(panspermia) 가설'이라는 것이 있다. 지구 생명의 기원이 운석에 실려 우주에서 왔다는 사고방식이다. 대단히 로맨틱한 가설이지만, 믿기 어려워서 1세기 동안 단지 추측에 불과하다고 여겨졌다. 하지만 21세기에 접어들면서 몇 가지 증거가 갖추어지기 시작했다. 운석에 실려 지구로 오려면 오랜 우주여행이 필요하다. 또한, 그 길고 긴 기간 동안 우주 공간에서 살아 있어야 한다. 포자라고 불리는 일부 세균은 아주 내구성이 뛰어난 세포구조이고, 우주선 안에서 보

궁금증 메모

대기권에 돌입할 때의 열을 공기와의 마찰열이라고 착각하기 쉽다. 사실은 공기의 단열압축(공기가 들어가면 뜨거워지는 현상) 때문이다.

호받는다면 우주에서도 생존할 수 있다는 사실이 밝혀졌다. 운석 안에 포자를 넣고 실험한 결과, 다른 행성에서 활동할 수 있는 수준까지 증식한다는 것을 확인했다. 또한, 지구에 돌입하려면, 생명은 대기권 돌입의 벽을 극복해야만 한다. 돌입할 때 온도는 섭씨 300도를 웃돈다. 하지만 몇 번의 실험을 거친 결과, 운석에 의해 보호받는 미생물은 돌입 과정을 극복하고, 재차 성장을 개시할 수 있다고 확인되었다. 즉, 생명의 근원이 우주에서 올 수도 있다는 것이다. 우주에 지구와 비슷한 별이 있다면, 거기에는 생명의 종(種)이 흩뿌려져 있을 테니까, 별들끼리도 가족이 되고 형제가 될 수 있다. 아주 재밌는 느낌이다.

11. 지구 자기를 느끼는 인간에게는 '제6감'이 있다.

인간의 감각은 시각, 청각, 촉각, 미각, 후각의 다섯 가지 감각으로 그 외에는 없다고 오랫동안 여겨져 왔다. 하지만 2019년 3월 19일에 도쿄대학과 미국 캘리포니아 공과대학 등의 공동연구팀이 인간에게도 '제6감'이 있다는 연구논문을 발표했다.

지구는 북극이 N극, 남극이 S극인 거대한 자석으로 위치에 따라 방향이 달라지는 지구

궁금증 메모

지구 자기를 느끼는 능력은 철새를 비롯해 연어, 꿀벌 등 많은 동물이 갖추고 있다.

자기를 띠고 있다. 철새는 지구 자기를 느끼는 능력을 나침반처럼 활용해서 방향을 정확히 파악, 계절에 맞춰 이동한다. 마찬가지로 인간도 지구의 자기를 느끼는 능력이 있다는 조사 결과가 나왔다. 연구팀은 주위 2미터의 전자파를 차단한 방에서 지구와 거의 비슷한 자기를 발생시켰다. 장치가 있는 방에 다양한 국적을 가진 18세~68세 남성 24명과 여성 12명의 피험자를 들어가게 했고, 머리 표면 64곳의 뇌파를 계측했다. 그랬더니 피험자에 따라 자기에 대한 반응은 차이가 났지만, 지구 자기 방향을 바꿨더니 뇌파도 변화했다. 그 결과, 인간도 지구 자기를 느낄 수 있다고 결론지었다. 인간에게는 미지의 제6감이 존재한다고 확인되었지만 실제로 활용하기는 대단히 어렵다.

하지만 인간에게는 여전히 뜻하지 않은 잠재력이 숨어있을지도 모른다. 더 진화한 연구가 기다려지는 까닭이다.

12. NASA가 긴급회견!
'트라피스트-1 행성계'에
지적생명체?

2017년 2월 23일, NASA가 긴급회견을 열고 중대발표를 했다.

그 내용은 지구에서 39광년 떨어진 곳에 있는 적색왜성 '트라피스트-1'(TRAPPIST-1)에서 7

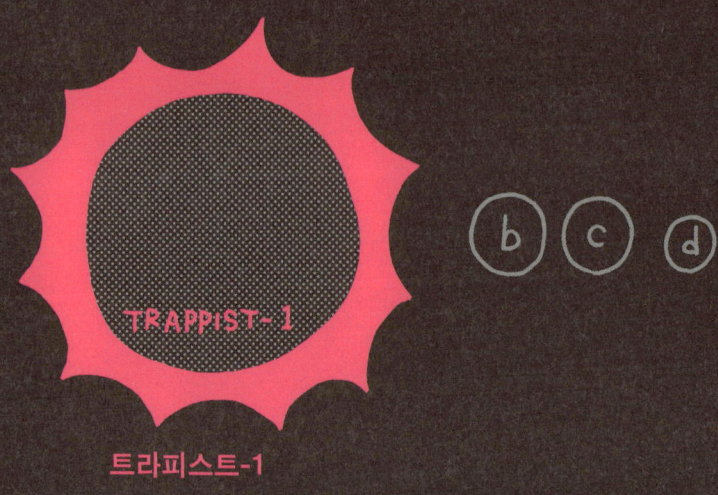

트라피스트-1

개의 행성이 발견되었고, 그중 3개는 물이 액체 상태로 존재할 수 있는 생명체 거주 가능 지역(Habitable Zone, HZ)에 속한다는 것이었다. 태양계의 바로 근처에서 이러한 행성계가 발견되었다는 것은 지구형 행성의 수가 지금까지 생각했던 것보다 훨씬 많다는 것을 뜻한다. '트라피스트-1' 행성계의 7개 행성에는 각각 b에서 h의 이름이 붙어있다. 이 중에서 'e, f, g' 3개가 생명체 거주 가능 지역에 속하는 별이

다. 이 3개의 별은 전부 지구와 거의 비슷한 크기로 질량은 지구보다 가볍다. 'e'는 크기나 밀도, 주성(항성계에서 가장 밝은 별)에서 받는 방사량 등으로 미루어 볼 때 지구와 가장 흡사하다. 7개의 별 중에서 유일하게 지구보다 다소 밀도가 높아서 연구자들의 주목을 받았고, 그 중심에는 지구의 핵보다 밀도가 높은 철의 핵이 존재한다고 추정된다. 또한 'e'에는 엷은 대기만 있다고 여겨진다.

만일 '트라피스트-1' 행성계의 생명체 거주 가능 지역에 속한 3개의 행성 전부에 지적생명체가 번영했다면 3개의 별 사이에 교류가 이루어졌을지도 모른다. 혹여 우주 전쟁이 발

궁금증 메모

적색왜성은 항성 중에서도 작은 크기의 그룹에 속한다.

발했을지도. 현재로서는 그 가능성이 적어 보이지만, 앞으로의 관측에 따라 새로운 사실이 발견될 수도.

13. 우주 마니아가 기뻐할 뉴스
화성에서 지하호수가 발견되다.

2018년 7월 25일, 화성에서 액체의 물이 존재하는 거대한 지하호수가 발견되었다.

지금까지는 화성에 물의 흔적이 있었다는 것은 알았지만, 수십억 년 전에 소실되었다고 여겨졌다. 화성 지표에 끊어졌다, 이어지기를 반복하는 액체의 물이 흐르고 있었다고 추정하는 흔적도 발견되었지만, 현재의 화성에서 물의 존재를 시사한 것은 이때가 처음이었다. 발견되었을 때, 전 세계의 우주 마니아가 환호했다. 나도 그중 한 사람이었다.

호수가 존재한다는 증거는 ESA(유럽우주국)의 탐사선 '마스 익스프레스'(Mars Express)에 탑재된 지하탐사 '레이더인 마시스'(Marsis)가 수집했다. 화성의 남극 빙관 부근에서 지표와 빙관(ice cap, 산 정상이나 고원을 덮은 돔 모양의 영구 빙설)을 통과하는 레이더파를 쏴서, 반사파의 움직임을 측정했다. 이렇게 얻어진 29쌍의 레이더 샘플에서 표면 아래 약 1.6킬로미터 위치에서 보이는 신호의 커다란 변화를 도표화 했더니 호수가 있다는 사실을 알았다. 이 호수의 폭은 대략 20킬로미터로 그린란드 혹은 지구의 남극빙상(주변의 영토를 50,000제곱킬로미터 이상 덮은 얼음덩어리) 아래 있는 호수와 거의 비슷하다고 한다. 그렇다면 이 호수에 생물이 존재할까.

영하 68도까지 내려가는 화성 극지에서 액

체 상태 물이 존재한다고는 생각하기 어렵다. 이 지하호수에 물이 액체 상태로 존재한다면 아마도 염분이 대량으로 포함된 염수일 가능

> **궁금증 메모**
>
> 염수(salt water)는 응고점 강하(降下)가 발생하기에 담수(fresh water)보다 응고점이 낮다.

성이 높다. 지구에서 염분농도가 높은 호수나 바다에서는 생물 분포가 적은 경향이 있다. 하지만 소금물을 좋아하는 특이한 박테리아도 존재하기 때문에 직접 화성의 지하호수를 조사해보지 않는 이상 의문은 쉽게 풀리지 않을 것이다. 개인적으로는 화성의 지하호수에 분명히 생물이 존재할 거라고 여긴다.

14. 기적의 별이라고 일컬어지는 다양한 생명체가 번성하는 별이 있다.

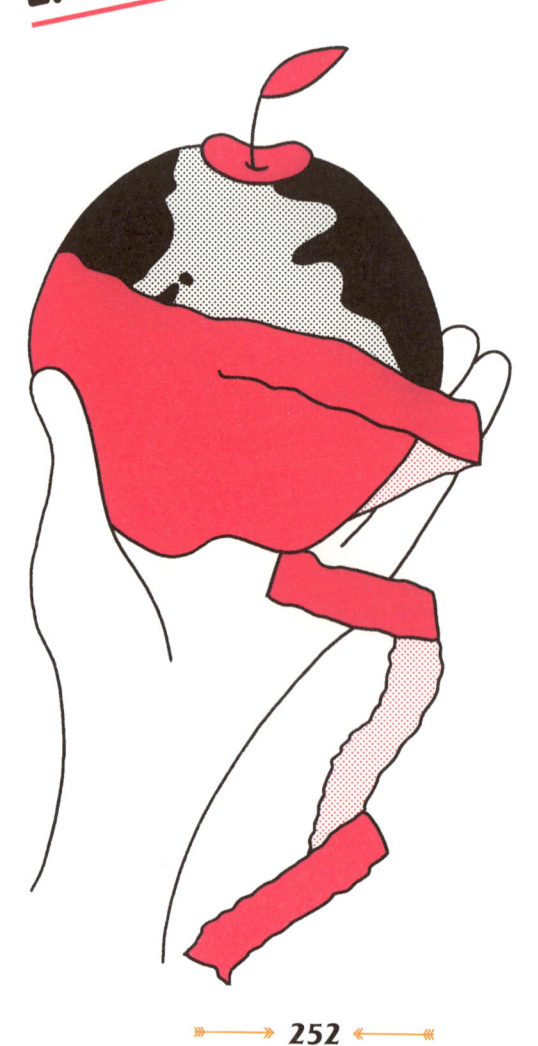

지금까지 다양하게 별이나 우주의 현상을 소개했는데, 중요한 별을 잊어버릴 뻔했다.

태양계 제3 행성인 '지구'라는 별이다.

지구는 물이 액체 상태로 존재할 수 있는 영역인 생명체 거주 가능 지역에 속한다.

지표의 약 75%를 차지하는 넓은 바다와 물 상태의 비와 더불어 강물도 존재하는 '물의 행성'이다. 또한, 지구의 풍요로운 환경은 다양한 생명이 서식하게 한다. 생명이 존재하는 별은 우주에서 아주 드물다. 육지와 바다를 합쳐 870만 종 이상의 생물이 존재하고 고도의 문명을 지닌 지적생명체가 먹이사슬의 정점에 군림하고 있다.

궁금증 메모

지구를 사과 한 알 크기에 비유하자면, 지구를 둘러싼 대기는 사과 껍질의 두께쯤 된다.

지구의 하루는 24시간으로 지구가 한 번 회전하는데 필요한 시간이다. 24시간이라는 속도는 절묘하다. 너무 빠르면 대기가 요동치고, 지상에서는 강풍이 몰아치게 된다. 반면에 자전이 너무 늦으면 태양열을 오랫동안 받게 되어 온실효과가 상당히 높아진다.

지구의 크기도 안성맞춤이다. 이 크기에 적당한 질량이 있어서 대기 중의 물질이 우주에 유출되는 사태를 막을 수 있다. 이처럼 지구라는 별은 많은 기적이 겹쳐져 형성된 행성이다. 현재, 지구에서 환경파괴가 멈출 줄 모른다. 이 장벽을 넘어 지구가 영원히 존재하는 별이 되길 바랄 뿐이다.